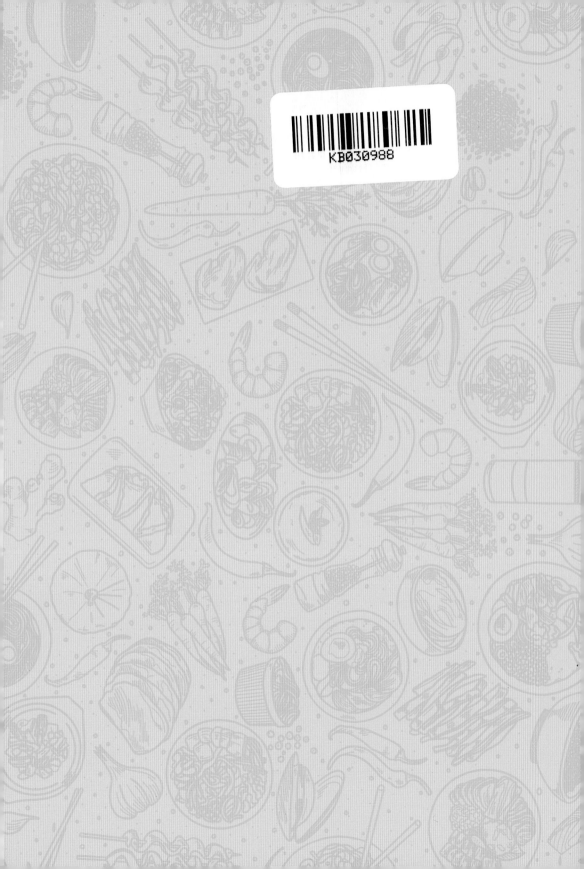

알토란

집밥을 더 쉽게! 맛있게! 건강하게!

알토란

만능장편

MBN 〈알토란〉 제작팀 지음

DAON BOOKS
COMPANY

가정의 건강한 밥상은
<알토란>의 레시피가 책임지겠습니다.

안녕하세요? 요리연구가 김하진입니다.

'식약동원食藥同原'

'먹는 음식은 약만큼 중요하다'라는 뜻입니다. 똑같은 재료를 사용하더라도 어떤 요리 방식을 거쳤는지에 따라 약이 될 수도 독이 될 수도 있습니다. 이것이 바로 요리가 요리다워야 하는 이유입니다.

또한, 얼핏 평범한 레시피처럼 보일지라도 양념 재료의 작은 차이 하나, 요리 순서 등의 차이로 인해 180도 다른 요리가 될 수도 있습니다. 이러한 변화가 요리를 하며 느낄 수 있는 재미 요소 중 하나입니다.

46년간 요리 선생으로 수많은 곳에서 요리를 가르쳐 왔습니다. 평생 어떻게 하면 더 많은 사람들이 더 쉽게, 더 맛있게, 더 건강하게 요리할 수 있을까 고민했습니다. 오랜 고민과 연습의 결과로 수천 가지의 레시피를 만들고, 머릿속에 빼곡히 쌓아 왔습니다. 이렇게 얻은 레시피가 저의 가장 소중한 보물들 입니다.

그중 가장 빛나는 것들을 골라 이 책에 담아 보았습니다. 황금알을 낳는 닭처럼 쉽게 완벽한 요리를 탄생시키는 '알토란표 만능장 레시피'를 통해 대한민국 모든 가정의 밥상이 더없이 풍성해지길 바랍니다.

요리연구가
김하진

〈알토란〉 레시피로 맛있고 건강한 집밥을 만들어 보세요.

안녕하세요. 〈알토란〉의 '임짱' 임성근입니다.

한식조리기능장으로 오랜 기간 외식업에 종사하며 온갖 산해진미를 다 먹어 봤습니다. 하지만 제게 가장 맛있는 음식은 역시 갓 지은 쌀밥과 바글바글 끓여낸 된장찌개, 그리고 차린 이의 정성이 더해진 소박한 밥상입니다.

하루에 단 한 끼라도 집밥을 먹어야 속이 든든해지고 힘이 솟는 것 같은 건 저만의 착각은 아니겠지요? 가족일지라도 각자의 삶이 바쁘다 보니 얼굴 마주하기도 힘든 요즘입니다. 이러한 시대에 가족들과 둘러 앉아 먹는 집밥은 단순히 허기진 배를 채우는 것 이상의 큰 의미를 가집니다. 어디서도 채울 수 없었던 공허함을 채우고, 지친 마음을 달래주는 영혼의 양식이니까요.

외식과 배달 음식이 일상이 된 요즘, 집에서 음식을 만들어 상을 차리는 사람들은 줄고, 요리를 어렵게 생각하는 사람들은 늘었습니다. 물론 재료 준비부터 요리가 완성되기까지의 과정이 마냥 쉬운 것은 아니죠. 특히 요리 초보에게는 더욱 그러할 테고요.

그래도 하루에 한 끼는 손수 요리해 건강한 밥상을 차리는 것이 좋다고 생각합니다. 거창한 요리가 아니어도 좋습니다. 소박한 반찬 몇 가지와 찌개 하나만 있어도 꽤 근사한 집밥입니다. 거기에 제가 드리는 팁 몇 가지만 더하면 한층 쉽게 맛있는 요리를 완성할 수 있을 것입니다.

그동안 〈알토란〉을 통해 수많은 레시피를 소개해 드렸습니다. 이 책에는 특별히 수십 가지 요리에 활용할 수 있는 '최고의 만능장 레시피'만 모아 봤습니다. 30년 경력의 국가 공인 한식조리기능장으로서 제가 가진 다양한 노하우를 아낌없이 담아냈으니 믿고 따라해 보세요!

한식조리기능장

임성근

차례

4 들어가는 글

PART 01
만능 양념장

집밥을 더 쉽게!
마음이 든든해지는
우리 집 요리해결사

PART 02
만능 전통장

집밥을 맛있게!
간장, 고추장, 된장을
활용하자!

PART 03
만능청

집밥을 건강하게!
설탕 대신 은은한
단맛을 더하자!

집밥을 더 쉽게!
마음이 든든해지는
우리 집 요리해결사!

만능 찌개장 | 순두부찌개

만능 비빔장 | 오징어초무침 · 쫄면

만능 무침장 | 멸치무침

만능 찜양념장 | 아귀찜 · 등뼈찜

만능 고기 양념장 | 불고기 · 갈비찜

만능 김치 양념장 | 열무얼갈이김치

만능 유자 양념장 | 삼겹살조림

만능 마늘 양념장 | 제육볶음

만능 더덕 양념장 | 더덕 고추장삼겹살

만능 고추다짐 | 고추다짐

만능 고추식초 | 애호박초무침

만능 천연 맛가루 | 콩나물국

만능 해물 맛가루 | 굴국 · 굴무침

만능 냉육수 | 냉면

PART 01

만능 양념장

요리에 자주 쓰이는 기본 중의 기본, '육수와 양념장'이다.
냉장고 속 재료를 보며 오늘도 '뭐 먹지?'를 고민하는 사람이라면
누구나 쉽게 집에서 뚝딱 만들 수 있는
'알토란표 만능장 시리즈'로 이 모든 고민을 한번에 날려버리자.

방송과 동시에 SNS에 화제를 불러온 〈알토란〉의 정수!
제철 재료와 집에 있는 흔한 식재료로 누구나 쉽게 만드는 양념장.
어떤 요리든 손쉽게 만들 수 있는 다용도 양념장을 첫 번째로 만나보자.

요리 시간은 줄이고, 밥상은 풍성하게 바꾸는
쉬워도 너무 쉬운 〈알토란〉표 '만능 양념장' 레시피!

맛 보장 '만능 양념장' 하나만 있으면
마음이 든든해지고, 집밥이 만만해진다.
〈알토란〉표 '만능 양념장'으로 삼시세끼가 즐거워지는
밥상을 준비해 보자.

만능 찌개장

초간단 조리법으로 모든 찌개류를 완전 정복한다.
요리 초보도 '만능 찌개장' 하나면 요리 고수가 되는 놀라운 마법!
집에서 맛 내기 어려운 순두부찌개, 육개장, 생선찌개 등
어떤 찌개든 손쉽고, 맛있게 뚝딱 만들 수 있다.
'만능 찌개장' 속에는 모든 기본 양념이 들어 있어 찌개가 쉬워지고,
요리에 자신감을 얻을 수 있을 것이다.
이제 집밥의 혁명, 깊은 맛을 내는 '만능 찌개장' 비법이 공개된다.

셰프의 레시피

재료

차돌박이 400g, 간장 6큰술, 다진 마늘 6큰술, 생강즙 1큰술, 고추기름 반 컵,
꽃소금 4큰술, 후춧가루 반 큰술, 고운 고춧가루 2컵, 참기름 2큰술

만능 찌개장 속에 갖은양념이
들어가서 어떤 찌개든
활용이 가능하다.

맛의 한 수

차돌박이

① 차돌박이에서 나오는 맛있는 기름으로 구수한 맛과 감칠맛을 더해 만능 찌개장 효과 UP!
② 찌개 속에서 차돌박이가 씹히는 식감까지 즐길 수 있는 점이 숨은 묘미!

만드는 법

1

차돌박이 400g을
잘게 썰어 준비한다.

차돌박이는 가열하면 수축되기 때문에
다지기보다는 작게 자르는 게 중요하다.

2

센 불로 달군 팬에
손질한 차돌박이를 넣고
노릇하게 굽는다.

차돌박이 기름이 충분히 나오도록
센 불 유지는 필수이다.

3

차돌박이를 구운 후
간장 6큰술을
팬 가장자리에 둘러
불 향을 낸다.

셰프의 설명

- 차돌박이 기름이 나오도록 오래 볶아야 만능 찌개장이 더 고소하다.
- 높은 온도의 기름에 간장을 가장 자리에 부으면 살짝 타면서 불 향이 난다.

만드는 법

4

차돌박이 기름이 충분히
나왔다면 다진 마늘 6큰술,
생강즙 1큰술, 고추기름 반 컵을
넣고 섞는다.

5

불을 끈 후 꽃소금 4큰술,
후춧가루 반 큰술, 고운 고춧가루
2컵을 넣고 섞는다.

온도가 높으면 고춧가루가 타기 때문에 **TIP**
반드시 불을 끈 후 넣는다.

6

마지막으로
참기름 2큰술을 넣고 섞고
식힌 후 밀폐 용기에 담아
냉장 보관한다.

냉장고에서 한 달 정도 보관 가능하다. **TIP**

셰프의 설명

• 기름을 적게 넣어 되직하게 만들어야 맛도 좋고 보관도 쉽다.

완성

만들기도 쉽고
보관도 용이한
<알토란>표 만능 찌개장 완성!

간단 요약! 한 장 레시피

1. 차돌박이 400g을 잘게 썰어 준비한다.

2. 센 불로 달군 팬에 손질한 차돌박이를 넣고 노릇하게 굽는다.

3. 차돌박이를 구운 후 간장 6큰술을 팬 가장자리에 둘러 불 향을 낸다.

4. 차돌박이 기름이 충분히 나왔다면 다진 마늘 6큰술, 생강즙 1큰술, 고추기름 반 컵을 넣고
   섞는다.

5. 불을 끈 후 꽃소금 4큰술, 후춧가루 반 큰술, 고운 고춧가루 2컵을 넣고 섞는다.
   (*고춧가루는 취향에 따라 가감한다.)

6. 참기름 2큰술을 넣고 섞어 식힌 후 밀폐 용기에 담아 냉장 보관한다.

임짱의 <만능 찌개장> 활용 TIP

육수에 만능 찌개장을 풀기만 하면 얼큰한 맛의 각종 찌개 탄생!
• 생선찌개 : 만능 찌개장 + 된장   • 육개장 : 만능 찌개장 + 국간장

만능 찌개장으로 5분 완성,
순두부찌개

뚝딱 만든 '만능 찌개장' 하나로 5분이면 '순두부찌개' 요리를 완성할 수 있다.
얼큰하고 개운한 맛으로 잃었던 입맛이 살아난다.
자취생이나 요리 초보도 200% 활용할 수 있다.
순두부찌개와 차돌박이의 환상 조합으로 보양식 못지않은 맛!
몽글몽글한 순두부와 얼큰한 국물의 '순두부찌개'를 집에서 더 맛있게 만들어 보자.

셰프의
레시피

─ 재료 ─

순두부 1봉지, 양파 1/2개, 애호박 1/2개, 멸치 육수 1컵 반, 만능 찌개장 3큰술,
새우젓 반 큰술, 달걀 1개, 대파 흰 줄기 1대, 청양고추 2개, 홍고추 1개

<차돌박이♥순두부>의 궁합

순두부와 차돌박이가 어우러지면
순두부의 찬 성질은 완화되고, 기력은 더욱 보강된다.

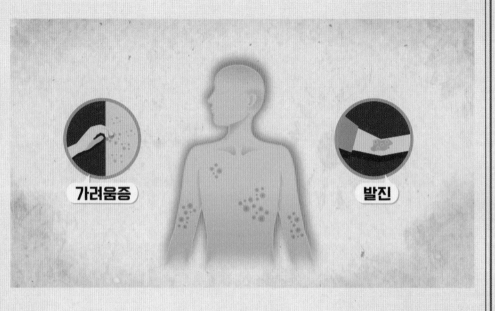

가려움증

발진

순두부의 효능

① 체내 열독과 피부 발진에 효과적이다.
② 심장질환을 예방하고 뇌 건강에 도움을 준다.

만드는 법

①
뚝배기에 순두부 1봉지를
5등분해서 넣는다.

순두부 1봉지 = 2인분 기준 **TIP**

②
반으로 갈라 채 썬 양파 1/2개,
반달 썰기 한 애호박 1/2개를
넣는다.

③
뚝배기에
멸치 육수 1컵 반을 넣고
센 불로 끓인다.

바지락이나 미더덕 같은 해산물을 넣을 시 **TIP**
육수 대신 맹물을 사용해도 된다.

셰프의 설명

- 멸치, 소고기, 사골 등 어떤 육수든 사용 가능하다.

만드는 법

❹

채소가 익으면
만능 찌개장 3큰술을 넣고,
나머지 간은
새우젓 반 큰술로 맞춘다.

❺

달걀 1개, 송송 썬
대파 흰 줄기 1대,
청양고추 2개,
홍고추 1개를 넣어 완성한다.

만능 찌개장 하나로 집에서
더 맛있게, 얼큰하게 즐기는
순두부찌개 완성!

셰프의 설명

• 순두부찌개에 새우젓으로 간을 하면 감칠맛을 더욱 살릴 수 있다.

완성

간단 요약! 한 장 레시피

1. 뚝배기에 순두부 1봉지를 5등분해서 넣는다.

2. 반으로 갈라 채 썬 양파 1/2개, 반달 썰기 한 애호박 1/2개를 넣는다.

3. 뚝배기에 멸치 육수 1컵 반을 넣고 센 불로 끓인다.

4. 채소가 익으면 만능 찌개장 3큰술을 넣고 나머지 간은 새우젓 반 큰술로 맞춘다.

   (* 입맛에 따라 만능 찌개장은 가감한다.)

5. 달걀 1개, 송송 썬 대파 흰 줄기 1대, 청양고추 2개, 홍고추 1개를 넣는다.

만능 비빔장

무더위를 이기는 힘, 자연 밥상!
자연의 푸르른 생명력이 깃든 간편하고 맛있는 한 끼를 즐겨보자.
영양은 최대한 살리고, 조리는 간편한 <알토란>표 만능장이면 더 이상 요리가 두렵지 않다.
누가 만들어도 무엇을 상상하든 그 이상의 맛을 느낄 수 있다.
여름 제철 과일인 자두를 활용한 '만능 비빔장' 황금 비율 레시피로
비빔 요리는 물론, 무침 요리까지 간편하게 즐겨보자.

셰프의
레시피

·—·—·—·—·—·—·—·—· **재료** ·—·—·—·—·—·—·—·—·

국간장 반 컵, 설탕 반 컵, 물엿 3큰술, 물 반 컵, 간 소고기 반 컵,
간 마늘 1큰술 반, 간 생강 1작은술, 후춧가루 반 큰술, 고운 고춧가루 반 컵,
자두 3개, 맛술 3큰술, 다진 파 1대

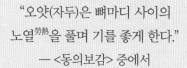

"오얏(자두)은 뼈마디 사이의
노열勞熱을 풀며 기를 좋게 한다."
― <동의보감> 중에서

 자두의 효능

보론(붕소) 성분이 여성 호르몬 작용을 하여 갱년기 중년 여성에게 필수 과일!
'노열을 푼다'는 것은 일을 많이 해서 생긴 열을 풀어준다는 뜻이다.
즉, 퇴행성관절염에 탁월하다는 것!

맛의 한 수

자두

① 비빔장의 새콤달콤한 맛을 책임진다.
② 말캉말캉 씹히는 식감을 더한다.

만드는 법

①
냄비에 국간장 반 컵과 물 반 컵,
황설탕 반 컵을 넣는다.

②
간 소고기 반 컵을 넣고 센 불로
켜준 다음, 물엿 3큰술을 넣고
3분간 끓인다.

TIP 센 불에서 빨리 익혀야 육즙이 빠지지
않는다.

③
간 생강 1작은술,
간 마늘 1큰술 반, 후춧가루
반 큰술을 넣고 골고루 섞은 후
센 불에서 한소끔 끓여준다.

셰프의 설명

• 간 소고기는 빨리 익어 따로 볶을 필요가 없다.

만드는 법

❹

양념이 끓어오르면 바로 불을
끈 후, 맛술 3큰술을 넣고
10분 동안 미지근하게 식힌다.

❺

식은 양념에 대파 1대를
다져 넣고 고운 고춧가루
반 컵을 넣어 잘 섞는다.

고운 고춧가루만 넣어도 농도가 걸쭉해지고,
텁텁하지 않아 더욱 깔끔한 맛을 낸다.

❻

마지막으로
깨끗이 씻은 자두 3개를
잘게 다져 넣고 섞어
비빔장을 완성한다.

큰 자두 → 껍질 제거 **TIP**
작은 자두 → 껍질째 썰기

셰프의 설명

- 식힌 상태로 넣어야 채소가 익지 않는다.
- 자두의 식감을 위해 다져서 사용한다.
- 유리병에 담아 냉장 보관하면 한 달 이상 사용 가능하다.

완성

제철 과일 자두로 만들어
맛은 물론 영양까지 만점!
여름 입맛 살리는
자연식 만능 비빔장 완성!

간단 요약! 한 장 레시피

1. 냄비에 국간장 반 컵과 물 반 컵, 황설탕 반 컵을 넣는다.

2. 간 소고기 반 컵을 넣고 센 불로 켜준 다음, 물엿 3큰술을 넣고 3분간 끓인다.

3. 간 생강 1작은술을 넣고 간 마늘 1큰술 반, 후춧가루 반 큰술을 넣고 골고루 섞은 후 센
   불에서 한소끔 끓여준다.

4. 양념이 끓어오르면 바로 불을 끈 후 맛술 3큰술을 넣고 10분 동안 미지근하게 식힌다.

5. 식은 양념에 대파 1대를 다져 넣고 고운 고춧가루 반 컵을 넣고 잘 섞는다.

6. 깨끗이 씻은 자두 3개를 잘게 다져 넣고 섞어 비빔장을 완성한다.

7. 유리병에 담아 냉장 보관하면 한 달 이상 사용 가능하다.

만능 비빔장 활용
오징어초무침

만능 양념으로 요리 자신감 레벨 업!
'만능 비빔장'으로 10분도 안 되는 시간에 요리를 완성한다.
신맛, 단맛으로 공기밥 한 그릇 뚝딱!
불 앞에 오래 서 있을 필요 없이 '만능 비빔장' 하나로
'오징어초무침'을 5분 만에 직접 만들어 보자.

셰프의
레시피

•─•─•─•─•─•─•─•─ **재료** ─•─•─•─•─•─•─•─•

오징어 1마리, 미나리 100g, 양파 1/2개, 깻잎 8장, 오이 1/3개, 청양고추 1개,
참기름 1큰술, 통깨 1꼬집, 사과 3배 식초 1큰술, 만능 비빔장 2큰술, 식초 1큰술

\<식초♥오징어>의 궁합

식초   +   오징어
(유기산)   (단백질)

단백질과 미네랄 흡수율 증가!

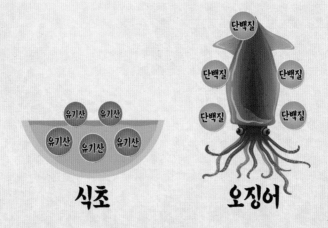

식초의 신맛을 만들어 주는 유기산 성분이
단백질 덩어리인 오징어와 만나면
소화가 쉽도록 단백질을 분해하는 역할을 한다.

식초와 오징어의 효능

오징어에 있는
미네랄 성분은 칼슘과 콜라겐 역할을 하는데
이에 식초가 닿으면 잘 녹아서
우리 몸의 미네랄 흡수율을 증가시킨다.

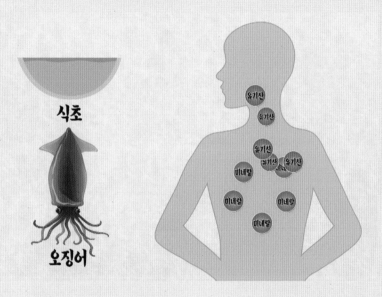

식초

오징어

오징어의 효능

① 타우린 풍부 → 기력 회복
② 셀레늄 풍부 → 항산화 작용
③ 중금속 해독 능력
④ 발암 물질 차단 → 암 발생률 저하

만드는 법

①

깨끗이 씻은 오징어 다리를
먹기 좋게 2등분해서 자르고
지느러미를 떼어내 손질한다.

②

양념이 잘 배도록
십자 모양으로 오징어 몸통에
예쁘게 칼집을 낸다.

TIP 칼집을 낼 때는 간편하게 파채 칼을 사용!

③

끓는 물에 식초 1큰술을 넣고
손질한 오징어를 30초간 데친다.

셰프의 설명

- 식초를 넣으면 살균 효과와 오징어의 비린내, 떫은맛을 제거할 수 있다.

만드는 법

❹ 오징어 몸통을 건져 찬물에
담근 후 먹기 좋게 1cm 두께로
썰고, 다리는 먹기 좋게
1~2가닥씩 썬다.

❺ 오이 1/3개는 삼각 썰기 한 후 씨를
제거하고 편으로 썬다.
깻잎 7~8장의 반을 가른 후
3등분으로 썰고,
미나리 100g은 3cm길이로 썬다.

❻ 양파 1/2개를 얇게 채 썰고
청양고추 1개를 반으로
가른 후 송송 썬다.

만드는 법

❼
데친 오징어와 채소,
만능 비빔장 2큰술을
넣고 무친다.

TIP 냉장고 속 어느 채소를 넣어도 무관!

❽
사과 3배 식초 1큰술,
참기름 1큰술, 통깨 1꼬집,
손질한 깻잎을 넣고 무친다.

여름의 생명력을
가득 담은 자연 밥상!
바다의 보약 오징어와
만능 비빔장의 환상 콜라보!

완성

1. 깨끗이 씻은 오징어 다리를 먹기 좋게 2등분해서 자르고 지느러미를 떼어내 손질한다.

2. 양념이 잘 배도록 오징어 몸통에 십자 모양으로 예쁘게 칼집을 낸다.

3. 끓는 물에 식초 1큰술을 넣고 손질한 오징어를 30초간 데친다.

4. 오징어 몸통을 건져 찬물에 담근 후 먹기 좋게 1cm 두께로 썰고, 다리는 먹기 좋게 1~2
   가닥씩 썬다.

5. 오이 1/3개는 삼각 썰기 한 후 씨를 제거하고 편으로 썬다. 깻잎 7~8장의 반을 가른 후
   3등분으로 썰고, 미나리 100g은 3cm길이로 썬다.

6. 양파 1/2개를 얇게 채 썰고 청양고추1개를 반으로 가른 후 송송 썬다.

7. 데친 오징어와 채소, 만능 비빔장 2큰술을 넣고 무친다. (* 취향에 따라 고운 고춧가루 가감)

8. 사과 3배 식초 1큰술, 참기름 1큰술, 통깨 1꼬집, 손질한 깻잎을 넣고 무친다.

만능 비빔장 활용
쫄면

'만능 비빔장'으로 만든 두 번째 요리는 '쫄면'이다.
만능 비빔장으로 오징어초무침에 이어 쫄면까지 뚝딱 요리해 보자.
새콤매콤한 맛과 쫄깃한 면발에 침이 고이는 초간단 '쫄면'.
아삭하게 씹히는 각종 채소가 어우러져 입맛을 사로 잡는다.
'만능 비빔장'으로 간단하고 환상적인 여름 요리를 만들어 보자.

셰프의
레시피

●━━━━━━━━━━━━ 재료 ━━━━━━━━━━━━●

삶은 쫄면, 식초 1큰술, 양파·당근·상추·깻잎 적당량, 만능 비빔장 2큰술

만드는 법

①

삶은 쫄면에 식초 1큰술을
넣고 비벼준다.

쫄면에 식초를 넣으면 **TIP**
면발이 더 쫄깃해진다!

②

양파, 당근, 상추, 깻잎을
적당량 넣고,
만능 비빔장 2큰술을
넣고 비빈다.

비빔장은 취향에 따라 가감! **TIP**

만능 비빔장 하나로
뚝딱 만들어진 쫄면!

완성

간단 요약! 한 장 레시피

1. 삶은 쫄면 100g에 식초 1큰술을 넣고 비벼준다.

2. 손질한 양파, 당근, 상추, 깻잎 적당량과 만능 비빔장 2큰술을 넣고 비빈다.

만능 무침장

단 5가지 재료로 1분 안에 반찬 고민을 완벽하게 해결한다.
'만능 무침장' 하나면 당신이 바로 무침 요리 장인!
입맛 돋우는 '만능 무침장'은 모든 건어물, 나물과도 찰떡궁합!
무침은 물론 볶음, 조림 요리까지 넣기만 하면 맛깔난 반찬이 뚝딱 만들어진다.
거기에 극강의 고소함을 자랑하는 특급 비법 땅콩버터로 맛을 더한다.
무한 응용이 가능한 '만능 무침장' 레시피를 만나보자!

셰프의
레시피

재료

고추장 2컵, 된장 1컵, 고운 고춧가루 반 컵, 땅콩버터 1컵, 맛술 2컵

맛의 한 수

맛술

① 재료의 맛이 잘 섞인다.
② 음식의 비린내와 잡내를 제거한다.
③ 음식의 변질을 막아 보관 기간을 늘려준다.

하진쌤의 <만능 무침장> 활용 TIP

① 요리하기 싫은 땐? 오이 송송 썰어 무쳐 먹자.
② 씹는 맛을 원할 땐? 진미채에 무침장 한 숟갈 더해 버무려 먹자.
③ 상추, 미나리 등 각종 채소를 무쳐 먹어도 좋고, 생선조림에 양념으로 활용해도 좋다.

만드는 법

❶

고추장 2컵, 된장 1컵,
고운 고춧가루 반 컵을
믹서기에 넣는다.

❷

땅콩버터 1컵, 맛술 2컵을 넣고
덩어리지지 않도록 곱게 간다.

TIP 땅콩버터는 무침장의 강한 맛을 부드럽게
중화시켜준다.

고소한 감칠맛으로
완성된 만능 무침장을
밀폐 용기에 담아
냉장 보관한다.

셰프의 설명

- 믹서기로 된장의 콩 찌꺼기를 갈아내야 부드러운 만능 무침장을 만들 수 있다.
- 땅콩버터를 넣으면 깨나 참기름 없이 무침장만 넣어도 고소한 맛을 살릴 수 있다.

완성

간단 요약! 한 장 레시피

1. 고추장 2컵, 된장 1컵, 고운 고춧가루 반 컵을 믹서기에 넣는다.

2. 땅콩버터 1컵, 맛술 2컵을 넣고 덩어리지지 않도록 곱게 간다.

3. 밀폐 용기에 담아 냉장 보관한다.

만능 무침장으로 감칠맛 제대로!

멸치무침

초간단 '만능 무침장'에 고소한 멸치와 아삭한 마늘종을 더했다!
한 번도 안 먹어본 사람은 있어도 한 번만 먹어본 사람은 없다!
'만능 무침장'과 국물용 멸치를 사용해 깊고 진한 맛이 나는
'멸치무침'의 비법을 한 수 배워보자.

셰프의
레시피

•━━━━━━━•• 재료 ••━━━━━━━•

국물용 멸치 250g, 식용유 2~3큰술, 마늘종 150g,
소금 약간, 만능 무침장 3큰술

만드는 법

①

국물용 멸치 250g을 준비하고,
깔끔한 맛을 위해 멸치 대가리를
떼고 내장과 등뼈를 제거한다.

뼈까지 제거해야 식감도 맛도 좋다! **TIP**

②

손질한 국물용 멸치를
마른 팬에 중불에서
5분간 1차로 볶는다.

바삭하게 볶은 후 부스러기는 제거! **TIP**

③

볶은 멸치는
넓은 접시에
펼쳐 식힌다.

셰프의 설명

• 멸치 부스러기가 들어가지 않게 털고 담는다.

만드는 법

④
식용유 2~3큰술을 두른 팬에
1차로 볶은 멸치를 넣고 1분 30초간
볶은 후, 키친 타월을 깔아둔
접시에 옮겨 기름기를 제거한다.

⑤
마늘종 150g을 멸치 길이에
맞춰 썬 후 끓는 물에 소금을
약간 넣고 15초간 데쳐
찬물에 헹궈 준비한다.

⑥
볼에 볶은 멸치와 데친 마늘종을
넣고 만능 무침장 3큰술을
넣어 함께 버무린다.

셰프의 설명

- 멸치를 두 번 볶는 이유: 먼저 기름 없이 볶으면 멸치에서 수분과 비린내가 제거되어 더욱 바삭해진다. 이후 기름을 넣어 다시 볶으면 한결 고소한 맛을 즐길 수 있다.
- 멸치를 두 번째 볶을 때에는 짧은 시간 내로 볶아야 타지 않는다.
- 마늘종은 데쳐 넣어야 매운맛 없이 아삭하게 즐길 수 있다.

완성

참기름을 넣지 않아도
윤기 좔좔!
만능 무침장으로
감칠맛 팡팡 터지는
멸치무침 완성!

간단 요약! 한 장 레시피

1. 국물용 멸치 250g을 준비하고, 깔끔한 맛을 위해 멸치의 대가리를 떼고 내장과 등뼈를 제거한다.
2. 손질한 국물용 멸치를 마른 팬에 중불로 5분간 볶은 다음 넓은 접시에 펼쳐 식힌다.
3. 식용유 2~3큰술을 두른 팬에 1차로 볶은 멸치를 넣고 1분 30초간 볶은 후, 키친타월을 깔아둔 접시에 옮겨 기름기를 제거한다.
4. 마늘종 150g을 멸치 길이에 맞춰 썬 후 끓는 물에 소금을 약간 넣고 15초간 데쳐 찬물에 헹궈 준비한다.
5. 볶은 멸치와 데친 마늘종에 만능 무침장 3큰술을 넣고 함께 버무린다.

만능 찜양념장

초간단 만능장의 정점을 찍는다!
모든 찜 요리를 책임질 '만능 찜양념장' 비법이 드디어 <알토란>에서 공개된다.
이제 집에서도 쉽고 빠르게 푸짐한 찜요리를 즐겨보자!
요알못은 물론 주부 9단도 몰랐던 특급 비법까지 전격 공개한다.
'만능 찜양념' 하나로 10분 만에 뚝딱 만드는 아귀찜부터 잡내는 싹~ 없애고,
부들부들한 육질에 환상의 맛을 자랑하는 등뼈찜 요리까지 함께 즐겨보자!

셰프의
레시피

ㅡ 재료 ㅡ

진간장 250g, 고운 고춧가루 250g, 맛술 250g, 굵은 고춧가루 100g,
간 양파 100g, 간 배 100g, 꽃소금 2큰술 반, 다진 마늘 6큰술, 설탕 6큰술,
다진 생강 2큰술, 겨자 4큰술

겨자의 효능

따뜻한 성질과 매운맛을 가진 겨자는,
우리 몸에 들어가게 되면 체온을 상승시켜
폐 기능을 원활하게 돕는 기능을 한다.

또한 위장 기능 개선에 탁월해,
음식의 소화·흡수·배설에 도움이 된다.

폐 기능 향상

만드는 법

①

볼에 진간장 250g, 고운 고춧가루 250g, 굵은 고춧가루 100g을 넣는다.

TIP 고운 고춧가루만 들어가면 텁텁할 수 있으니 굵은 고춧가루도 함께 넣어준다!

②

꽃소금 2큰술 반, 맛술 250g, 흰설탕 6큰술을 넣는다.

TIP 맛술의 효과로 고기, 해산물 요리 어디에 넣어도 어울린다.

③

간 양파 100g, 간 배 100g을 넣고, 다진 마늘 6큰술을 넣는다.

셰프의 설명

- 맛술을 넣어야 음식의 잡내를 싹 잡을 수 있다.
- 집에 배가 없다면 배 음료나 배즙을 똑같이 100g 넣어도 좋다.

만드는 법

④
다진 생강 2큰술,
겨자 4큰술을 넣고
섞는다.

겨자는 재료의 쓴맛을 잡고 **TIP**
깔끔한 맛을 더한다!

집에 있는 재료로 간단하게!
온 가족 입맛 사수할 초특급
만능 찜양념장 완성!

완성

1. 진간장 250g, 고운 고춧가루 250g, 굵은 고춧가루 100g을 넣는다.

2. 꽃소금 2큰술 반, 맛술 250g, 흰설탕 6큰술을 넣는다.

3. 간 양파 100g, 간 배 100g 을 넣고, 다진 마늘 6큰술을 넣는다.

4. 다진 생강 2큰술, 겨자 4큰술을 넣고 섞는다.

만능 찜양념장 하나면 요리의 한계란 없다.
집에서도 쉽고 맛있게
모든 찜 요리로 활용 가능!

만능 찜양념장으로 10분 완성
아귀찜

매콤하고 달짝지근한 찜 요리하면 가장 먼저 떠오르는 대표 요리, '아귀찜'!
야들야들한 아귀살과 아삭한 콩나물, 입안에서 톡톡 터지는 미더덕의 만남!
거기에 '만능 찜양념장'만 툭 넣어주면 더 이상 외식할 필요가 없다!
'아귀찜'을 좋아하지만 사먹자니 아깝고, 요리하자니 어려울 것 같아 망설였다면?
<알토란>표 '만능 찜양념장'으로 집에서 10분 만에
침샘 자극하는 '아귀찜'을 간편하게 만들어 보자.

셰프의
레시피

------------------------------------- 재료 -------------------------------------

찜용 두절 콩나물 600g, 아귀 1kg, 미더덕 200g, 물 3컵, 들깻가루 5큰술,
미나리 한 줌, 대파 1대, 참기름 3큰술, 통깨 3큰술, 만능 찜양념장 1컵

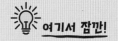

아귀 고르는 법

① 아귀는 크고 살이 도톰한 것이 좋다.

② 아귀 1kg = 특대 크기의 양

  (4인 가족 넉넉하게!)

③ 시장과 마트에서 손질된 아귀를 손쉽게 구입 가능!

④ 제철일 때는 저렴한 가격에 구입 가능!

아귀 손질법

손질된 아귀를 흐르는 물에 1~2번 헹궈 준비한다!

아귀의 효능

입이 크고 못생긴 생선, 아귀!
그러나 겉모양과는 달리 아귀 속은 영양으로 꽉 차 있다!
아귀는 저지방·고단백으로 다이어트에 좋고,
필수 아미노산이 함유되어 있어 성장 발육과 피부 미용에 도움이 된다.
또 콜라겐이 함유되어 있어 관절 건강에도 도움이 된다.

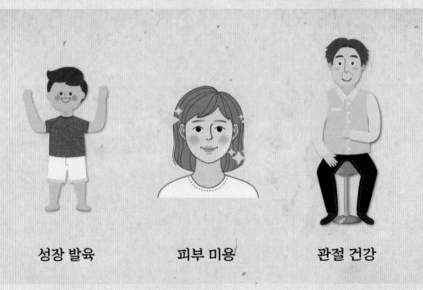

성장 발육   피부 미용   관절 건강

<콩나물♥아귀♥미더덕>의 궁합

장 건강 · 간 건강 · 혈관 건강에 탁월하다

콩나물 효능
① 아스파라긴산 → 간 건강
② 식이섬유 → 장 건강

아귀 효능
① 고단백·저지방 →
　피 해독 및 동맥경화 예방

미더덕 효능
① 다량의 불포화 지방산 함유
② 각종 미네랄 함유

만드는 법

①

냄비에 찜용 두절 콩나물 600g을
깔고 그 위에 아귀 1kg과 미더덕
200g을 올린다.

TIP 같이 익혀야 완성됐을 때 서로의 향이 배어
맛이 따로 놀지 않는다.

②

콩나물의 절반만 잠길 정도로
약 3컵의 물을 넣고, 뚜껑을 닫고
물이 끓어오르면 센 불에
7분간 익힌다.

TIP 콩나물에서 빠져나오는 수분까지 고려!

③

1컵 분량의 물을 남기고
나머지 물은 따라 버린다.

TIP 물을 버리고 조리해야 맛있는 아귀찜 완성!

셰프의 설명

• 오만둥이와 달리 미더덕은 물주머니가 있고, 향과 씹는 맛이 훨씬 좋다.

만드는 법

④

만능 찜양념장 1컵을 넣고,
센 불로 켜준 다음
골고루 섞는다.

만능 찜양념은 취향에 따라 가감 **TIP**

⑤

들깻가루 5큰술을 넣고
섞은 뒤 불을 끄고, 미나리 한 줌,
어슷썰기한 대파 1대를 넣는다.

대파는 흰 대만 사용! **TIP**

참기름과 통깨를
각 3큰술 넣고 섞어 마무리하면,
만능 찜양념장 하나로
집에서도 맛있는 아귀찜 완성!

셰프의 설명

• 농도가 안 맞을 땐 전분물을 넣어준다.

완성

간단 요약! 한 장 레시피

1. 냄비 바닥에 찜용 두절 콩나물 600g을 깔고, 아귀 1kg과 미더덕 200g을 올린다.

2. 콩나물의 절반만 잠길 정도로 약 3컵의 물을 넣은 다음 뚜껑을 닫고, 센 불에 물이 끓어오르면 7분간 익힌다.

3. 1컵 분량의 물을 남기고 나머지 물은 따라 버린다.

4. 만능 찜양념장 1컵을 넣고, 센 불로 켜준 다음 골고루 섞는다.

  (* 만능 찜양념은 취향에 따라 가감)

5. 들깻가루 5큰술을 넣고 섞은 뒤 불을 끄고, 미나리 한 줌, 어슷썰기한 대파 1대를 넣는다.

6. 참기름·통깨 각 3큰술을 넣고 섞어 마무리한다.

잡내 없이 맛있게!
등뼈찜

'만능 찜양념장'의 진가를 보여줄 두 번째 요리는 바로 '등뼈찜'이다.
고소한 등뼈에 매콤한 찜양념이 어우러진 환상의 맛은 남녀노소 누구나 좋아할 만하다.
1인 가구도, 맞벌이 부부도 외식비 걱정 끝!
내 집에서 잡내 없이 고소하고 부들부들하게 등뼈 삶는 법부터,
'만능 찜양념장'으로 간편하게 뚝딱 만드는 비법까지!
같은 양념이지만 아귀찜과는 또 다른 매력의 '등뼈찜' 맛을 느껴보자!

셰프의
레시피

재료

돼지 등뼈 1.5kg, 양파 1개, 대파 1대, 통마늘 15개, 생강 2개,
된장 5큰술, 소주 1컵, 물 6컵 반, 만능 찜양념장 1컵,
떡국 떡 2컵, 새송이버섯 2개, 참기름 2큰술, 불린 당면 한 줌

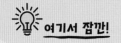

요리 전 등뼈 준비하기

핏물 뺀 돼지 등뼈

① 찬물에 4시간 정도 핏물을 뺀다.

② 끓는 물에 10분간 삶은 후 건져낸다.

등뼈 찌는 법 두 가지

• 일반 냄비 2시간

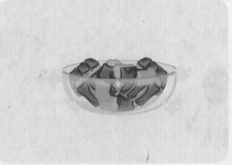

• 압력솥 35분

만드는 법

①

압력솥에 양파 1개,
대파 1대, 통마늘 15개,
생강 2개를 넣는다.

②

향신 채소를 넣은 후
된장 5큰술, 소주 1컵,
물 5컵을 넣어준다.

향신 채소, 된장, 소주를 넣어주면 **TIP**
잡내 걱정 끝!

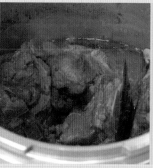

③

핏물 빼고 10분간
삶은 등뼈 1.5kg을 넣고
약 35분간 찐다.

등뼈는 핏물을 빼야 잡내 없이 **TIP**
담백한 맛이 난다!

셰프의 설명

- 된장이 등뼈의 잡내를 잡고 고소한 맛을 올려준다.
- 센 불에 소리가 나기 시작하면, 중불로 줄여 25분 끓이다 불을 끄고 10분간 뜸 들인다.

만드는 법

❹
잘 삶아진 등뼈는
볼에 건져내고,
팬에 만능 찜양념장 1컵과
물 1컵 반을 넣는다.

❺
센 불에서
만능 찜양념장을
풀어주면서
끓인다.

❻
양념장이 끓으면
등뼈를 넣고 조린다.

셰프의 설명

- 잘 부서지는 등뼈는 만능 찜양념장을 먼저 끓인 후 넣는다.

만드는 법

❼

떡국 떡 2컵, 편 썬 새송이버섯
2개를 넣고 조리다가
참기름 2큰술을 넣는다.

 떡국 떡과 새송이버섯은
취향에 따라 가감! **TIP**

❽

접시에 30분간 불린 당면
한 줌을 담고 그 위에 완성된
등뼈찜을 올린다.

불린 당면은 등뼈찜 잔열에도
충분히 익는다. **TIP**

사 먹는 요리라는
편견을 깬
〈알토란〉표 등뼈찜 완성!

완성

간단 요약! 한 장 레시피

1. 돼지 등뼈 1.5kg을 찬물에 4시간 동안 핏물을 빼고 10분간 삶는다.

2. 압력솥에 양파 1개, 대파 1대, 마늘 15개, 생강 2개를 넣는다.

3. 핏물 빼고 10분간 삶은 등뼈 1.5kg을 넣고 약 35분간 찐다.

4. 잘 삶아진 등뼈는 볼에 건져내고, 팬에 만능 찜양념장 1컵과 물 1컵 반을 넣는다.

5. 센 불에서 찜양념장을 풀어주면서 끓인다.

6. 양념장이 끓으면 등뼈를 넣고 조린다.

7. 떡국 떡 2컵, 편 썬 새송이버섯 2개를 넣고 조리다가 참기름 2큰술을 넣는다.

   (* 떡국 떡과 새송이버섯은 취향에 따라 가감!)

8. 접시에 30분간 불린 당면 한 줌을 담고 그 위에 완성된 등뼈찜을 올린다.

만능 고기 양념장

달콤하고 짭조름한 맛으로 남녀노소 누구에게나 사랑받는 밥상 위의 꽃, 양념 고기 요리!
하지만! 이것저것 다양한 양념을 준비하는 것도 번거롭고 거기에 양념 비율을
잘 못 맞추기라도 하면 고기가 질겨지고 누린내까지 폴폴~
이럴 때 당신에게 필요한 건? 바로 <알토란>표 '만능 고기 양념장'!
종류 불문! 모든 고기 요리의 맛과 풍미를 살리는
<알토란>표 '만능 고기 양념장'으로 양념 고기 요리에 대한 고민을 완벽 해결해보자!

셰프의 레시피

· · · · · · · · · · · · · · · 재료 · · · · · · · · · · · · · · ·

진간장 4컵, 물 4컵, 황설탕 2컵, 황물엿 2컵, 사과 4개, 배 1개, 양파 2개, 통마늘 20개, 생강 4쪽,
레몬 1/2개, 다시마 2장, 건표고버섯 10개, 통후추 2큰술, 감초 10개
(4인 가족 기준, 고기 요리 3~4회 분량)

불고기　　갈비찜　　LA갈비구이

"이제 고기 요리 걱정 끝!
만능 고기 양념장으로 종류 불문
어떤 고기 요리든 쉽게 만들자!"

맛의 한 수

천연 재료로 〈만능 고기 양념장〉의 감칠맛·단맛에 풍미를 더하는 방법!

① 레몬을 넣어라!

레몬 효능: 각종 미네랄이 함유되어 있어 염분 배출에 탁월하다.

·잡내 제거 탁월　·양념장의 풍미　·보관 기간 연장　·간장 속 염도 걱정 끝

② 감초를 넣어라!

감초 효능: 몸에 쌓인 독소를 배출하고, 유효 성분의 흡수를 돕는다.

"감초는 온갖 약의 독소를 풀고 모든 약을 조화롭게 한다."

—〈동의보감〉 중에서

만드는 법

①
센 불로 불을 켠 다음,
냄비에 진간장 4컵,
물 4컵을 넣는다.

②
황설탕 2컵과
황물엿 2컵을 넣고
잘 섞으며 끓인다.

③
씨 제거 후 얇게 썬
사과 4개와 배 1개를
냄비에 넣는다.

셰프의 설명

• 양념장에 은은한 단맛을 내고 진한 색감을 더하기 위해 황설탕과 황물엿을 넣는다.

만드는 법

④

채 썬 양파 2개,
통마늘 20개를 넣는다.

⑤

편으로 썬 생강 4쪽과
얇게 썬 레몬 1/2개를 넣는다.

레몬을 넣으면 보관 기간이 늘어난다! **TIP**

⑥

다시마 2장, 건표고버섯 10개,
통후추 2큰술을 넣는다.

다시마는 가로 10cm X 세로 10cm 크기! **TIP**

셰프의 설명

- 레몬의 신맛이 고기 잡내를 잡고 양념장의 풍미를 올려준다.
- 만능 고기 양념장에 다시마를 넣으면 고기 누린내를 잡고 담백한 맛을 낸다.

만드는 법

❼ 감초 10개를 넣고
끓기 시작하면
센 불에서 15분 더 끓인다.

❽ 다 끓인 후 체로
건더기를 걸러내고,
만능 고기 양념장을
볼에 담아 한김 식힌다.

 천연 재료로 만든
만능 고기 양념장으로
고기 요리 걱정 끝!

완성

1. 센 불로 불을 켠 다음 냄비에 진간장 4컵, 물 4컵을 넣는다.

2. 황설탕 2컵과 황물엿 2컵을 넣고 잘 섞으며 끓인다.

3. 씨 제거 후 얇게 썬 사과 4개와 배 1개를 냄비에 넣는다.

4. 채 썬 양파 2개, 통마늘 20개를 넣는다.

5. 편으로 썬 생강 4쪽과 얇게 썬 레몬 1/2개를 넣는다.

6. 다시마 2장, 건표고버섯 10개, 통후추 2큰술을 넣는다.

7. 감초 10개를 넣고 끓기 시작하면 센 불에서 15분 더 끓인다.

8. 다 끓인 후 체에 건더기를 걸러내고, 만능 고기 양념장을 볼에 담아 한김 식힌다.

9. 소독된 밀폐 용기에 식힌 만능 고기 양념장을 담아 냉장 보관한다.

활용요리
01

만능 고기 양념장으로 손쉽게
불고기

이보다 더 간단할 수는 없다.
'만능 고기 양념장' 하나면 빛의 속도로 고기 요리가 뚝~딱!
핵심 비법만 콕콕 집어서 만드는 첫 번째 활용 요리 '불고기'.
조리는 쉽고 간편하게, 맛은 풍미 작렬!
이제 집에서 '만능 고기 양념장'으로 최고의 불고기를 즐겨보자.

MBN

밥 한그릇 뚝딱
불고기

셰프의
레시피

- - - - - - - - - - **재료** - - - - - - - - - -

목심살 1.2kg (2mm 두께), 만능 고기 양념장 2컵, 물 5컵, 다진 마늘 4큰술,
참기름 3큰술, 깨소금 3큰술, 양송이 6개, 양파 1개, 쪽파 한 줌

만드는 법

❶

볼에 만능 고기 양념장 2컵,
물 5컵을 넣는다.

목심살 1.2kg 기준 **TIP**

❷

다진 마늘 4큰술,
참기름 3큰술,
깨소금 3큰술을 넣고
잘 섞어준다.

❸

불고기 양념장에
목심살 1.2kg을 넣고
양념장이 잘 스며들도록
섞어준다.

만드는 법

❹
센 불로 달군 팬에
불고기를 넓게 펼쳐 넣는다.

❺
불고기가 엉기지 않도록
풀어 주면서 굽는다.

❻
불고기가 익으면 4등분한
양송이 6개, 채 썬 양파 1개,
쪽파 한 줌을 넣고
2분간 끓인다.

완성

만능 고기 양념장으로
손쉽게 뚝딱 만든
초간단 불고기 완성!

간단 요약! 한 장 레시피

1. 만능 고기 양념장 2컵, 물 5컵을 넣는다.

2. 다진 마늘 4큰술, 참기름 3큰술, 깨소금 3큰술을 넣고 잘 섞어준다.

3. 불고기 양념장에 목심살 1.2kg을 넣고 양념장이 잘 스며들도록 섞어준다.

4. 센 불로 달군 팬에 불고기를 넓게 펼쳐 넣는다.

5. 불고기가 엉기지 않도록 풀어 주면서 굽는다.

6. 불고기가 익으면 4등분한 양송이 6개, 채 썬 양파 1개, 쪽파 한 줌을 넣고 2분간 끓인다.

잊을 수 없는 맛의 향연
갈비찜

'만능 고기 양념장' 두 번째 활용 요리는 바로 명절상의 꽃, '갈비찜'
언제 먹어도 질리지 않지만, 고난도의 조리 과정이 필요하다?
<알토란>표 '만능 고기 양념장' 하나면 걱정 끝!
깊은 맛은 물론 야들야들한 식감까지 한 번에 책임진다.
색다른 조리 방법으로 차원이 다른 맛을 자랑하는 '갈비찜' 레시피.
지금부터 씹고, 뜯고, 맛보고, 즐겨보자!

셰프의
레시피

•••••••••••••••••••••••• 재료 ••••••••••••••••••••••••

소갈비 2kg(2cm 두께), 대파 1대, 양파 1/2개, 통마늘 10개, 생강 1개, 통후추 1큰술,
만능 고기 양념장 1컵, 갈비 삶은 육수 6컵, 무 200g, 당근 1/2개, 표고버섯 5개, 건고추 3개,
꽈리고추 20개, 참기름 2큰술, 통깨 2큰술

만드는 법

❶
냄비에 물을 충분히 넣고
핏물 뺀 소갈비 2kg을 넣은 뒤
물이 끓어오르면 약 10분간
더 끓인다.

❷
대파 1대, 양파 1/2개,
통마늘 10개,
생강 1개, 통후추 1큰술을
넣는다.

❸
중간중간 부유물을 걷어가며
50분간 삶는다.

만드는 법

④
불을 끄고
삶은 갈비를 건진다.

⑤
만능 고기 양념장 1컵,
갈비 삶은 육수 6컵을
섞어 갈비찜 양념장을
만든다.

⑥
팬에 삶은 갈비와
갈비찜 양념장 1/3을 넣고
센 불에 15분간 끓인다.

셰프의 설명

- 갈비 삶은 육수를 넣어주면 만능 고기 양념장과 어우러져 추가 양념이 필요없다.
- 양념장을 3번에 나눠 넣으면 갈비 속까지 양념이 더 잘 밴다.

만드는 법

❼
남은 갈비찜 양념장의 반을 넣고
한입 크기로 썬 무 200g,
당근 1/2개를 넣은 후
센 불에서 15분간 끓인다.

❽
15분이 지나면 4등분 한 표고버섯
5개를 넣고, 남은 갈비찜 양념장을
모두 부은 다음 센 불에서
3~4분간 더 끓인다.

❾
버섯이 익으면 중불로 줄이고,
불 끄기 2~3분 전에
건고추 3개를 썰어 넣는다.

만드는 법

⑩
반으로 자른 꽈리고추 20개,
참기름 2큰술, 통깨 2큰술을
넣고 섞어준다.

더이상 실패는 없다!
누구나 손쉽게
맛있는 갈비찜 완성!

임짱이 알려주는 <소갈비찜> 비법

- 소갈비 두께는 2cm로 준비하고, 2시간 동안 핏물을 빼서 준비한다.
- 고기가 익기 전 양념을 하면 염분이 들어가 질겨지고 퍽퍽해진다.
- 갈비 삶은 육수는 버리지 말고 만능 고기 양념장에 넣어주면 추가 양념이 필요 없다.
- 양념장을 3번에 나눠 넣으면 갈비 속까지 양념이 더 잘 밴다.

완성

1. 냄비에 물을 충분히 넣고 핏물 뺀 소갈비 2kg를 넣고 약 10분간 끓인다.

2. 물이 끓으면 대파 1대를 뿌리째 넣고, 굵게 채 썬 양파 1/2개, 통마늘 10개를 넣는다.

3. 편으로 썬 생강 1개, 통후추 1큰술을 넣고, 부유물을 걷어가며 50분간 삶는다.

4. 불을 끄고 삶은 갈비를 건진다.

5. 만능 고기 양념장 1컵, 갈비 삶은 육수 6컵을 섞어 갈비찜 양념장을 만든다.

6. 팬에 삶은 갈비와 갈비찜 양념장 1/3을 넣고 센 불에 15분간 끓인다.

7. 남은 갈비찜 양념장의 반을 넣고 한입 크기로 썬 무 200g, 당근 1/2개를 넣은 후 센
   불에서 15분간 끓인다.

8. 15분이 지나면 4등분 한 표고버섯 5개를 넣고, 남은 갈비찜 양념장을 모두 부은 다음 센
   불에서 3~4분간 더 끓인다.

9. 버섯이 익으면 중불로 줄이고, 불 끄기 2~3분 전에 건고추 3개를 썰어 넣는다.

10. 반으로 자른 꽈리고추 20개, 참기름 2큰술, 통깨 2큰술을 넣고 섞어준다.

만능 김치 양념장

뜨끈한 밥 위에 김치 한 점 딱 올리면 열 반찬 필요 없다!
손 많이 가고 만들 생각만 해도 지치기 일쑤였던 '김치'.
생소하지만 특별하고 간편한 <알토란>표 '만능 김치 양념장'으로
요리 초보도, 주부 9단도 김치 담그기 걱정 끝!
'만능 김치 양념장' 하나면 열무얼갈이김치는 물론,
겉절이, 갓김치까지 이파리 있는 세상 모든 김치가 쉬워진다!
따라 하고 싶은 '만능 김치 양념장' 비법을 배워보자.

셰프의
레시피

━━━━━━━━━━━━━━ 재료 ━━━━━━━━━━━━━━

굵은 고춧가루 160g, 고운 고춧가루 100g, 간 양파 100g,
멸치액젓 150mL, 참치액 100mL, 삶은 감자 60g, 설탕 80g, 물엿 200g,
다진 생강 3큰술, 다진 마늘 4큰술, 매실액 4큰술

면연력을 높이기 위해 김치를 먹어야 하는 이유?

면역력을 지키는 해법은 '건강한 음식'
그중 면역력 최고 지킴이는 바로 발효 식품 김치!
<만능 김치 양념장>으로 만든 열무얼갈이김치는 우리 몸에 어떤 작용을 할까?

열무 효능
비타민 A · C 풍부 → 바이러스·세균 저항력을 높임

얼갈이 효능
• 폐를 맑게 하는 청폐 작용
• 위와 장을 잘 통하게 하는 소통 작용

"음식이 답이다! 음식이 약이다!"

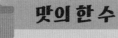

맛의 한 수

풀국 대신 삶은 감자를 넣어라!

김치 발효가 빠른 여름철에는 풀국 대신 삶은 감자를 넣어야
발효 속도가 늦춰져 장기 보관이 가능하다.

만드는 법

❶
굵은 고춧가루 160g,
고운 고춧가루 100g,
멸치액젓 150mL를
넣는다.

❷
참치액 100mL과
삶아서 으깬 감자 60g을 넣는다.

TIP 참치액 = 가다랑어포 농축액에 다시마,
무 등의 추출액을 섞은 액상 조미료

❸
다진 생강 3큰술,
다진 마늘 4큰술을 넣고,
간 양파 100g을 넣는다.

셰프의 설명

- 참치액의 감칠맛은 멸치액젓보다 좋아서 나물·국·김치 양념으로 사용하면 좋다.

만드는 법

④

설탕 80g을 넣고,
매실액 4큰술,
물엿 200g을 넣어
골고루 섞는다.

집에 있는
양념만으로
입맛 돋게 하는
만능 김치 양념장 완성!

간단 요약! 한 장 레시피

1. 굵은 고춧가루 160g을 볼에 넣고, 고운 고춧가루 100g, 멸치액젓 150mL를 넣는다.

2. 참치액 100mL, 삶아서 으깬 감자 60g을 넣는다.

3. 다진 생강 3큰술, 다진 마늘 4큰술을 넣고, 간 양파 100g을 넣는다.

4. 설탕 80g을 넣고, 매실액 4큰술, 물엿 200g을 넣어 골고루 섞는다.

아삭하게 즐기는

열무얼갈이김치

'만능 김치 양념장'이 상큼하고 시원하게 입맛을 돋운다!
면역력에 으뜸이고 입맛 없을 때 가장 생각나는 '열무얼갈이김치'.
열무와 얼갈이 풋내 잡는 손질법과 간이 쏙 배도록 절이는 <알토란>의
특급 비법이면 요리 초보도 쉽게 만들 수 있다.
보기만 해도 군침이 꿀꺽 넘어가는 '열무얼갈이김치'를 맛있게 즐겨보자.

셰프의
레시피

• ─────── 재료 ─────── •

열무 1.5kg, 얼갈이 1.5kg, 소금 2컵, 물 2컵, 만능 김치 양념장

만드는 법

1

얼갈이 뿌리 쪽 흙을 가볍게 씻어
준비하고, 밑동을 잘라 한 잎씩 분
리한 다음 큰 겉잎만 반으로 자르
고 작은 속잎은 그대로 사용한다.

상하고 짓무른 잎은 **TIP**
풋내가 나기 때문에 제거한다.

2

열무의 뿌리 끝은 잘라내고,
큰 무는 반으로 자른 후
이파리는 먹기 좋게
5~6cm 길이로 썬다.

3

손질한 열무와 얼갈이에
소금과 물 각 2컵을
켜켜이 뿌려준다.

켜켜이 뿌리면 풋내를 예방할 수 있다. **TIP**

셰프의 설명

- 연하고 단맛이 강한 봄철 열무와 얼갈이는 '최대한 덜 만지는 것'이 비법!
- 소금과 물을 켜켜이 뿌리면 열무와 얼갈이에 간이 골고루 밴다.

만드는 법

❹
15분마다
뒤집어 총 30분간 절인다.

❺
30분간 절인
열무와 얼갈이는
찬물에 2~3번 헹군 후
물기를 뺀다.

❻
만능 김치 양념장에 절인
열무와 얼갈이를
넣고 섞는다.

셰프의 설명

- 열무-얼갈이-소금-물을 번갈아 가며 넣는다.

만드는 법

만능 김치 양념장으로
요리 초보도 쉽게 만들어
아삭하고 시원하게 먹을 수 있는
열무얼갈이김치 완성!

간단 요약! 한 장 레시피

1. 손질한 열무와 얼갈이를 넣고 소금과 물 각 2컵을 켜켜이 뿌려준다.

(* 열무-얼갈이-소금-물을 번갈아 가며 넣는다.)

2. 15분마다 뒤집어 30분간 절인 열무와 얼갈이는 찬물에 2~3번 헹군 후 물기를 뺀다.

3. 만능 김치 양념장에 절인 열무와 얼갈이를 넣고 섞는다.

임짱이 알려주는 열무와 얼갈이 풋내 잡는 손질법

열무 손질법	얼갈이 손질법
① 열무 뿌리 끝을 자르고, 큰 무는 반으로 자른다.	① 얼갈이 뿌리 쪽 흙을 가볍게 씻어 준비한다.
② 이파리는 먹기 좋은 크기로 5~6cm 길이로 썬다.	② 밑동을 잘라 한 잎씩 분리한다.
③ 절이고 씻는 동안 최대한 덜 만져야 풋내가 안 난다.	③ 큰 겉잎은 반으로 자르고, 작은 속잎은 그대로 사용한다.

만능 유자 양념장

생명력 가득한 겨울 제철 재료로 꼭 먹어야 할 자연 밥상의 모든 것!
겨울 영양이 듬뿍 담긴 유자를 활용한 자연 밥상에 대해 배워보자
샐러드, 나물 무침, 고기·생선 조림 등 모든 조림과 무침 요리를 평정한다.
한 숟가락만 넣어도 풍미가 확 사는 겨울 면역력 보약 '만능 유자 양념장'.
초간단 조리법과 깜짝 놀랄 맛으로 활용도 100%를 자랑한다.
'만능 유자 양념장'으로 이제 쉽고, 맛있고, 건강한 집밥을 즐겨보자!

셰프의
레시피

재료

진간장 0.8컵(160mL), 물 5컵(1L), 유자청 1컵, 청주 4큰술, 맛술 1컵, 다진 마늘 2큰술,
후춧가루 반 큰술, 배 1/2개, 양파 1/2개, 귤 8개, 청양고추 1개, 대파 1/2대

유자의 효능

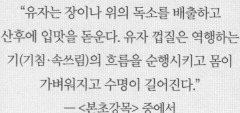

"유자는 장이나 위의 독소를 배출하고
산후에 입맛을 돋운다. 유자 껍질은 역행하는
기(기침·속쓰림)의 흐름을 순행시키고 몸이
가벼워지고 수명이 길어진다."
― <본초강목> 중에서

유자 고르는 법과 원산지 확인법

유자 고르는 법

① 껍질이 윤기가 나는 것
② 밝은 노란색
③ 껍질 무늬가 균일하고 향긋한 것
④ 그중 고흥 유자가 풍부한 일조량과 해풍으로 당도·맛·향이 우수

원산지 확인법

<지리적 표시제>를 통해 원산지를 확인한다.
상품의 품질이 우수한 지역의 특산물을 국가에서 상표권으로 인정해준 제도이다.

만드는 법

①

냄비에 유자청 1컵을 넣고,
진간장 0.8컵(160mL),
물 2컵 반(500mL)을 넣는다.

TIP 유자청을 사용하면 유자의 영양은 지키고
풍미는 상승한다.

②

청주 4큰술과 맛술 1컵을 넣고
한소끔 끓어오를 때까지
센 불로 끓인다.

TIP 재료의 잡내 제거를 위해 청주가 필수!

③

양념장이 끓기 시작하면
중불로 줄여 3분간
더 끓인 후 식힌다.

셰프의 설명

- 생유자를 사용하면 쓴맛과 떫은맛이 강하다.

만드는 법

❹

양념장을 식히는 동안 양파 1/2개를 잘게 썰고, 배 1/2개를 씨와 껍질 제거 후 잘게 썰어 믹서기에 넣는다.

배 → 단맛 상승 · 연육 작용 **TIP**
양파 → 감칠맛 상승 · 잡내 제거

❺

껍질 벗긴 귤 8개를
믹서기에 넣고,
물 2컵 반(500mL)를
넣고 곱게 간다.

❻

믹서기에 간 재료는
면포에 걸러
즙만 짜낸다.

고유의 맛과 향을 살리기 위해 **TIP**
배·양파·귤은 생°으로 넣기!

셰프의 설명

• 귤 껍질째 넣으면 쓴맛이 난다.
• 귤의 섬유질이 남아 있으면 양념장이 걸쭉하고 텁텁해진다.

만드는 법

❼
끓여서 식힌 양념에
배·양파·굴즙을
넣고 섞는다.

❽
잘게 썬 청양고추 1개와
대파 1/2대, 다진 마늘 2큰술,
후춧가루 반 큰술을 넣고 섞는다.

 TIP 유리병에 담아 약 10일간 냉장 보관 가능.

유자의 영양이
그대로 살아있는
만능 유자 양념장 완성!

완성

고등어조림 · 돼지고기조림 · 갈치조림 · 갈비찜

간단 요약! 한 장 레시피

1. 냄비에 유자청 1컵을 넣고, 진간장 0.8컵(160mL), 물 2컵 반(500mL)을 넣는다.

2. 청주 4큰술과 맛술 1컵을 넣고 한소끔 끓어오를 때까지 센 불로 끓인다.

3. 양념장이 끓기 시작하면 중불로 줄여 3분간 더 끓인 후 식힌다.

4. 양념장을 식히는 동안 양파 1/2개를 잘게 썰고, 배 1/2개를 씨와 껍질 제거 후 잘게 썰어 믹서기에 넣는다.

5. 껍질 벗긴 귤 8개를 믹서기에 넣고, 물 2컵 반(500mL)를 넣고 곱게 간다.

6. 믹서기에 간 재료는 면포에 걸러 즙만 짜낸다.

7. 완전히 식힌 양념에 배·양파·귤즙을 넣고 섞는다.

8. 잘게 썬 청양고추 1개와 대파 1/2대, 다진 마늘 2큰술, 후춧가루 반 큰술을 넣고 섞는다.

9. 유리병에 담아 냉장 보관하면 약 10일간 사용 가능하다.

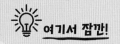

유자청 담그는 법

① 유자를 깨끗이 씻는다.

② 과육과 껍질을 분리한 후 잘게 썬다.

③ 유자와 설탕을 1:1로 넣고 약 1주일 동안 숙성시킨다.

<유자♥귤>의 궁합

유자의 신맛과 귤의 단맛이 어우러져 그야말로 찰떡궁합이다.
유자 껍질처럼 귤껍질(귤피) 역시 버릴 것이 없다!
말린 귤껍질은 소화력을 높여줘 한방 약재로도 많이 쓰인다.

귤 효능

① 비타민C 풍부 → 신진대사 원활, 감기 예방
② 신맛 성분인 구연산 풍부 → 스트레스·피로 해소, 피부미용

귤껍질(귤피) 효능

① 귤홍(겉껍질) → 가래 제거
② 귤백(속껍질) → 식이섬유 풍부해 소화력 상승

 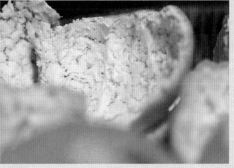

만능 유자 양념장으로 제대로 만드는

삼겹살조림

'만능 유자 양념장'만 있다면 조림도, 무침도 문제없다.
한국인이라면 누구나 사랑하는 삼겹살과 '만능 유자 양념장'이 만나면 무슨 맛일까?
삼겹살의 느끼함을 없애주고 계속 젓가락을 부르는 맛의 비법을 배워보자.
8분 만에 뚝딱 만드는 삼겹살 요리의 색다른 변신!
향긋하고 달큰한 맛이 일품인 '유자삼겹살조림'의 향연에 푹~ 빠져보자.

셰프의
레시피

· ·ㅡ 재료 ㅡ· ·

5mm 두께의 삼겹살 600g, 만능 유자 양념장 4국자, 대파 1대,
참기름 1큰술, 만능 유자 양념장 3큰술 (파채용)

만드는 법

❶

5mm 두께의 삼겹살 600g을
5cm 길이로 썰고, 달군 팬에
삼겹살을 넣고 센 불에 굽는다.

고소한 맛과 육즙,
식감을 위해 먼저 겉면만 살짝 굽기! **TIP**

❷

대파 1대를 얇게 채 썬 후
매운맛을 제거하기 위해
찬물에 담가 둔다.

가정에서는 안전하게 파채 칼 사용 추천! **TIP**

❸

잘 구워진 삼겹살은 남은 기름기
를 털어서 조림 팬에 옮기고,
만능 유자 양념장 4국자를 넣은
다음 센 불에서 5분간 조린다.

입맛에 따라 조리는 시간 조절해서 **TIP**
간 맞추기!

셰프의 설명

- 조림장에 바로 조리면 삼겹살이 삶아져서 식감이 줄어든다.
- 심지를 뺀 대파 흰 대를 세 번 접어 채를 썰면 쉽게 썰린다.

99

만드는 법

❹

삼겹살이 조려지면 불을 끈 후
완성된 유자삼겹살조림을
접시에 담는다.

❺

파채에 만능 유자 양념장 3큰술,
참기름 1큰술을 넣어 양념한 후
유자삼겹살조림에 곁들인다.

만능 유자 양념장 하나로
쉽고 간단하게
향긋한 유자삼겹살조림 완성!

완성

간단 요약! 한 장 레시피

1. 5mm 두께의 삼겹살 한 근(600g)을 5cm 길이로 썰고, 달군 팬에 삼겹살을 넣고 센 불에 굽는다.

2. 대파 1대를 얇게 채 썬 후 매운맛을 제거하기 위해 찬물에 담가 둔다.

3. 잘 구워진 삼겹살은 남은 기름기를 털어서 조림 팬에 옮기고, 만능 유자 양념장 4국자를 넣은 다음 센 불에서 5분간 조린다.

4. 삼겹살이 조려지면 불을 끈 후 완성된 유자삼겹살조림을 접시에 담는다.

5. 파채에 만능 유자 양념장 3큰술, 참기름 1큰술을 넣어 양념한 후 유자삼겹살조림에 곁들인다.

만능 마늘 양념장

집에 있는 기본 재료만 있으면 요리의 '요'자도 몰랐던 요리 초보도 요리가 쉬워진다.
면역력이 떨어져 생기는 다양한 질병에 특효이고, 모든 요리에 필수로 들어가는 마늘!
<알토란>표 활력 밥상의 특급 비법 '만능 마늘 양념장'.
볶음 요리? 무침 요리? 이것 하나면 어떤 요리든 밥도둑으로 변신한다!
맛깔 나게 변신해 두루 쓰이는 '만능 마늘 양념장' 비법을 대공개 한다.

셰프의
레시피

─•••••••••••••─ 재료 ─•••••••••••••─

식용유 1컵, 다진 마늘 2컵, 다진 양파 100g(1/2개), 다진 생강 1큰술, 국간장 반 컵,
맛술 1컵, 꽃소금 5큰술, 물엿 1컵, 참기름 반 컵

맛의 한 수

마늘·양파·생강

마늘
- 체온 상승 → 면역력 상승 효능
- 위·장 기능 강화 → 다양한 질병 예방

양파
양파를 넣으면 천연의 단맛을 더하고
풍미를 올려준다.

생강
생강을 넣으면 잡내를 잡고
향긋한 향을 더한다.

임짱의 마늘 손질 비법

마늘을 믹서기에 갈거나 절구에 찧으면 진이 나와
맵고 쓴맛이 나기 때문에 반드시 칼로 다지기!

"세 가지 재료를 볶으면 매운맛은 날아가고 단맛과 풍미가 UP!"

만드는 법

① 센 불에 식용유 1컵, 다진 마늘 2컵,
다진 양파 100g(1/2개),
다진 생강 1큰술을 넣는다.

② 재료가 눋지 않게
잘 저어주면서 채소의 수분이
날아갈 때까지 볶는다.

TIP 달달한 향으로 바뀔 때까지 볶기!

③ 국간장 반 컵을 넣어 불 향을
더해주며 계속 볶는다.

TIP 국간장을 넣으면 구수한 풍미와
감칠맛 상승!

셰프의 설명

- 세 가지 재료를 볶으면 매운맛은 날아가고 단맛과 풍미가 상승!

만드는 법

4

맛술 1컵을 넣고 전체적으로
끓어오를 때까지 살짝 끓인다.

5

불을 끈 후 물엿 1컵,
꽃소금 5큰술 넣고,
살짝 식었을 때
참기름 반 컵을 넣고
섞은 다음 식힌다.

볶음·무침 요리 시간 단축은
물론, 맛까지 책임지는
만능 마늘 양념장 완성!

완성

1. 센 불에 식용유 1컵, 다진 마늘 2컵, 다진 양파 100g, 다진 생강 1큰술을 넣고 채소의
   수분이 날아갈 때까지 볶는다.
2. 국간장 반 컵, 맛술 1컵을 넣고 끓어오르면 불을 끈다.
3. 물엿 1컵, 꽃소금 5큰술, 참기름 반 컵을 넣는다.
4. 식으면 밀폐 용기에 담아 보관한다.

만능 마늘 양념장으로 휘리릭 완성

제육볶음

'만능 마늘 양념장'으로 손쉽게 만드는 밥도둑의 귀환, 촉촉한 '제육볶음'.
어려운 과정은 고기 써는 것 밖에 없다!
10분도 안 되는 시간에 뚝딱 만들고, 마늘의 감칠맛이 입 안에서 춤을 춘다.
첫 입부터 마지막까지 단 한 입도 놓칠 수 없는 국민대표 밥도둑!
'만능 마늘 양념장'을 활용한 '제육볶음' 황금 레시피를 배워보자.

셰프의
레시피

재료

돼지고기 목살 600g, 만능 마늘 양념장 6큰술, 물 3큰술, 고추장 3큰술, 고춧가루 3큰술, 설탕 2큰술,
후춧가루 3꼬집, 채 썬 양파 1개, 대파 흰 줄기 1대, 어슷 썬 청양고추 3개, 미나리 반 줌, 통깨 약간
(* 목살 최적 두께 : 3mm로 준비! 식감을 높이려면 약 5mm 두께 추천!)

만드는 법

❶
목살 600g을
한입 크기로 잘라,
볼에 넣는다.

❷
만능 마늘 양념장 6큰술,
설탕 2큰술, 고춧가루 3큰술을
넣는다.

TIP 만능 마늘 양념장 + 설탕만 넣고 볶으면
간장제육볶음 탄생!

❸
후춧가루 3꼬집,
고추장 3큰술을
넣고 버무린다.

TIP 만능 마늘 양념장 속 기름이 고기를
부드럽고 고소하게 한다!

만드는 법

❹

달구지 않은 팬에
양념한 고기를 넣고,
중불로 볶는다.

중불에 촉촉하게 볶아야 **TIP**
퍽퍽하지 않고 부드럽다!

❺

물 3큰술을 넣고
볶는다.

볶을 때 소량의 물을 넣으면 **TIP**
타는 것을 막고 촉촉해진다!

❻

고기가 거의 익으면 채 썬
양파 1개, 5cm 길이로 썬
대파 흰 줄기 1대, 어슷 썬
청양고추 3개를 넣고 볶는다.

7

양파가 반쯤 익으면 5cm 길이로
썬 미나리 줄기 반 줌을 넣고
불을 끄고 잔열에서 익힌다.

TIP 제육볶음에 미나리를 넣으면
느끼하지 않고 깔끔한 맛이 난다!

만능 마늘 양념장 하나로
맛, 영양, 건강까지
듬뿍 담긴
초간단 제육볶음 완성!

완성

1. 3mm 두께로 썬 목살 600g을 한입 크기로 자른다.
2. 손질한 고기에 만능 마늘 양념장 6큰술, 고추장 3큰술, 고춧가루 3큰술, 설탕 2큰술, 후춧가루 3꼬집을 넣어 양념한다.
3. 달구지 않은 팬에 양념한 고기를 넣고 중불로 볶다가 물 3큰술을 넣는다.
4. 고기가 거의 익으면 채 썬 양파 1개, 5cm 길이로 썬 대파 흰 줄기 1대, 어슷 썬 청양고추 3개를 차례로 넣고 볶는다.
5. 양파가 반쯤 익으면 미나리 줄기 반 줌을 섞은 후 불을 끄고 잔열에서 익힌다.
6. 통깨를 뿌려 완성한다.

만능 더덕 양념장

한 번 만들어 두면 1년 365일 매일 먹어도 질리지 않는다!
제철 보약인 더덕의 맛있는 변신!
더덕 향은 살리고 영양은 듬뿍 담겨
대한민국 건강 밥상을 1년 내내 책임질 '만능 더덕 양념장'.
모든 요리가 고급스러워지고, 더덕 향을 품은 초간편 건강한 요리가 탄생한다.
만들어 두면 어느 요리에도 활용 만점인 '만능 더덕 양념장'의 향긋한 매력 속으로
빠져보자!

셰프의
레시피

· · · · · · · · · · · · · · · · · 재료 · · · · · · · · · · · · · · · · ·

더덕 300g, 양파 1/4개, 사과 1/4개, 맛술 3큰술, 매실청 4큰술, 물 반 컵, 고추장 1컵,
고운 고춧가루 6큰술, 설탕 4큰술, 물엿 5큰술, 후춧가루 1작은술

좋은 더덕 고르는 법

① 곧게 뻗은 것
② 골이 깊게 파이지 않은 것
③ 향이 강한 것

더덕 손질법

① 물에 5분간 담가두어 흙을 깨끗이 씻어낸다.
② 꼭지 부분을 자르고 골을 칼등으로 긁어내 흙을 제거한다.
③ 더덕에 세로로 칼집을 낸 후 껍질을 돌려 깎는다.
④ 더덕의 진액은 사포닌 성분으로 혈액 건강과 암 예방에 도움이 되므로 절대 씻어내지 않는다.

만드는 법

❶ 손질된 더덕 300g을
작게 썰고 믹서기에 넣는다.

❷ 양파 1/4개, 사과 1/4개를
작게 썰어서 믹서기에 넣고,
맛술 3큰술을 넣는다.

❸ 매실청 4큰술,
물 반 컵을 넣고
곱게 갈아준다.

TIP 채소, 과일, 액체 양념을 함께 갈면
더덕이 잘 갈린다!

만드는 법

④
간 재료를 볼에 담고,
고추장 1컵,
고운 고춧가루 6큰술을
넣어 섞는다.

⑤
설탕 4큰술, 물엿 5큰술,
후춧가루 1작은술을
넣어 섞는다.

취향에 따라 단맛은 설탕으로 조절하고 **TIP**
2일 숙성하면 맛이 깊어진다.

향·맛·건강
삼박자 두루 갖춘
만능 더덕 양념장 완성!

셰프의 설명

- 더덕의 향을 해치는 마늘과 생강은 조리 전 별도로 넣어준다.
- 소독한 밀폐 용기에 담아 두면 약 3개월간 냉장 보관이 가능하다.

완성

1. 손질된 더덕 300g을 작게 썰고 믹서기에 넣는다.

2. 양파 1/4개, 사과 1/4개를 작게 썰어서 믹서기에 넣고, 맛술 3큰술을 넣는다.

3. 매실청 4큰술, 물 반 컵을 넣고 곱게 갈아준다.

4. 간 재료를 볼에 담고, 고추장 1컵, 고운 고춧가루 6큰술을 넣고 섞는다.

5. 설탕 4큰술, 물엿 5큰술, 후춧가루 1작은술을 넣고 섞는다.

   (* 취향에 따라 설탕으로 단맛 조절)

6. 소독한 밀폐 용기에 담아 냉장 보관한다.

만능 더덕 양념장으로 건강하게

더덕 고추장삼겹살

뚝딱 만들어 비빔 요리, 무침 요리, 볶음 요리 등에 활용 가능한
만능 중의 만능인 '만능 더덕 양념장'. 고기 한점을 먹어도 제대로 먹자!
더덕 속 사포닌과 식이섬유로 삼겹살의 콜레스테롤 수치는 잡고, 입맛은 확 사로잡는다.
매콤달콤 '더덕 고추장삼겹살'을 '만능 더덕 양념장'으로
더 맛있게, 쉽게, 건강하게 즐겨보자!

셰프의
레시피

재료

삼겹살 600g, 잘게 찢은 더덕 100g, 꿀 2큰술, 만능 더덕 양념장 10큰술,
다진 마늘 2큰술, 다진 생강 1작은술, 식용유 3큰술

만드는 법

❶

한입 크기로 썬 삼겹살 600g을
볼에 넣고, 꿀 2큰술을 넣어
버무려 5분간 재운다.

TIP 삼겹살 600g 기준 = 꿀 2큰술

❷

꿀에 재운 삼겹살에
만능 더덕 양념장 약 6큰술,
다진 마늘 2큰술,
다진 생강 1작은술을 넣고
골고루 무친 후 5분간 재운다.

❸

홍두깨로 두드린 후 잘게 찢은
더덕 100g에 만능 더덕 양념장
4큰술을 넣고 무친다.

셰프의 설명

• 삼겹살을 꿀에 재우면 육질이 부드러워지고, 잡냄새까지 완벽하게 제거된다.

만드는 법

④

팬에 식용유 3큰술을 두르고
센 불로 달군 후,
중불로 줄인다.

⑤

양념한 삼겹살을 넣고 약 5분간
중불에 굽다가, 삼겹살이 익으면
양념한 더덕을 넣고 1분간 짧게
볶는다.

고기가 익으면 탱글탱글 탄성이 생긴다! **TIP**

만능 더덕 양념장을 활용한
더덕 요리계 끝판왕,
더덕 고추장삼겹살 완성!

셰프의 설명

- 굽는 비법 하나, 양념이 타지 않게 중불 유지.
- 굽는 비법 둘, 자르지 않은 삼겹살은 3~4번 정도 뒤집기.

완성

간단 요약! 한 장 레시피

1. 한입 크기로 썬 삼겹살 600g을 볼에 넣고, 꿀 2큰술을 넣어 버무려 5분간 재운다.

2. 꿀에 재운 삼겹살에 만능 더덕 양념장 약 6큰술, 다진 마늘 2큰술, 다진 생강 1작은술을 넣고 골고루 무친 후 5분간 재운다.

3. 홍두깨로 두드린 후 잘게 찢은 더덕 100g에 만능 더덕 양념장 4큰술을 넣고 무친다.

4. 팬에 식용유 3큰술을 두르고 센 불로 달군 후 중불로 줄인다.

5. 양념한 삼겹살을 넣고 약 5분간 중불에 굽는다.

6. 삼겹살이 익으면 양념한 더덕을 넣고 1분간 짧게 볶는다.

만능 고추다짐

대한민국 '밥심'은 천연 재료에서 나온다! 만사가 귀찮고 입맛까지 잃게 되는 무더위에
제철 고추로 만든 자연양념 하나면 집 나간 입맛도 돌아온다!
세상 쉽게 만드는 <알토란>표 자연양념으로 밥 한 끼 뚝딱!
각종 볶음 요리, 찜 요리, 구이 요리에 다양하게 활용해 식사 준비가 쉬워지기까지!
매콤한 고추와 감칠맛의 대명사 멸치가 듬뿍 들어간
'만능 고추다짐'으로 잃어버린 입맛을 되찾자.

셰프의
레시피

•-•-•-•-•-•-•-•-•-•-•-•-•- 재료 •-•-•-•-•-•-•-•-•-•-•-•-•-

청양고추 30개, 풋고추 20개, 중멸치 한 줌, 식용유 4~5큰술, 물 4큰술, 멸치액젓 10큰술,
매실청 3큰술, 홍고추 5개, 참기름 4큰술, 깨소금 4큰술

고추의 효능

찬 음식을 많이 먹게 되는 여름철.
소화기관의 혈액 순환에 문제가 발생할 수 있다.
여름철 불청객인 소화불량에 고추다짐이 탁월하다.

① 혈액 순환 개선 및 소화 촉진
② 식중독 예방
③ 베타카로틴 성분이 풍부해 항산화·항암 효과

만드는 법

①

청양고추 30개, 풋고추 20개의
꼭지를 딴 다음 반으로
가른 뒤 송송 썬다.

TIP 입맛에 따라 청양고추와
풋고추의 비율을 조절한다.

②

마른 팬에 한 번 볶은 중멸치
한 줌은 대가리와 내장을 제거한 후
반으로 갈라 준비한다.

TIP 식감과 개운한 맛을 위해 갈지 말 것!

③

달군 팬에 식용유 4~5큰술을
두르고, 송송 썬 고추를
팬에 넣어 2~3분간 볶는다.

TIP 볶는 순서에 따라 맛이 달라지므로
차례대로 넣기!

셰프의 설명

- 고추를 믹서기에 갈면 수분이 많이 빠져 아삭한 식감이 덜하다.
- 고추를 볶으면 풋내와 매운향이 날아간다.

만드는 법

❹

볶은 고추가 파릇해지면
물 4큰술, 멸치액젓 10큰술,
매실청 3큰술을 넣고
2~3분 정도 조린다.

❺

국물이 자박해지면
볶은 중멸치 한 줌,
송송 썬 홍고추 5개를
넣고 볶는다.

❻

불을 끈 후 참기름 4큰술,
깨소금 4큰술을 넣어
마무리한다.

냉장고에서 한 달 정도 보관이 가능하다. **TIP**

셰프의 설명

- 볶은 멸치의 부족한 감칠맛을 멸치액젓이 보완한다.
- 붉은색이 물들지 않게 홍고추는 마지막에 넣어준다.

완성

매콤함과 깊은 감칠맛으로
잠든 입맛을 깨우는 〈알토란〉표
만능 고추다짐 완성!

간단 요약! 한 장 레시피

1. 청양고추 30개, 풋고추 20개의 꼭지를 딴 다음 반으로 가른 뒤 송송 썬다.

2. 마른 팬에 한 번 볶은 중멸치 한 줌은 대가리와 내장을 제거한 후 반으로 갈라 준비한다.

3. 달군 팬에 식용유 4~5큰술을 두르고, 송송 썬 고추를 팬에 넣어 2~3분간 볶는다.

4. 볶은 고추가 파릇해지면 물 4큰술, 멸치액젓 10큰술, 매실청 3큰술을 넣고 2~3분 정도
   조린다.

5. 국물이 자박해지면 볶은 중멸치 한 줌, 송송 썬 홍고추 5개를 넣고 볶는다.

6. 불을 끈 후 참기름 4큰술, 깨소금 4큰술을 넣어 마무리한다.

임짱의 〈만능 고추다짐〉 맛의 비법

① 매운맛과 깔끔한 맛을 위해 청양고추와 풋고추 두 가지를 섞어서 사용한다.

② 크기가 작은 잔 멸치는 감칠맛이 덜 우러나고, 큰 멸치는 맛이 진해 고추 본연의 맛을
   해치므로 중멸치를 넣는 게 좋다.

③ 고추를 먼저 볶으면 풋고추의 풋내가 사라지고, 청양고추의 매운 향이 날아간다.

④ 멸치는 오래 조리면 질겨지고 전체적인 맛이 텁텁해지기 때문에 마지막에 넣는다.

만능 고추식초

칼칼한 청양고추와 새콤한 식초의 환상 조합!
여름 맞춤 만능 양념장 '만능 고추식초'.
냉국, 초무침, 무생채 등 새콤한 맛을 살려야 하는 음식에 활용하면 그 맛이 2배!
톡 쏘는 알싸함으로 무더운 여름철 잃어버린 입맛을
단번에 되찾아줄 활용 만점 '만능 고추식초'를 배워보자!

셰프의
레시피

재료

청양고추 500g, 현미식초 6컵

만드는 법

❶

꼭지를 제거한 청양고추 500g을
길게 4등분 한 후 다시 작게 썬다.

비타민이 풍부한 고추씨는 물론 **TIP**
과육까지 모두 사용!

❷

소독한 밀폐 용기에 작게 썬
청양고추 500g을 넣고,
현미식초 6컵을 붓는다.

칼칼한 청양고추와
톡 쏘는 식초가 만나
집나간 입맛을 돌아오게 하는
만능 고추식초 완성!

셰프의 설명

• 발효된 현미식초를 사용했기 때문에 밀폐 후 냉장 보관하여 단 2일이면 완성된다.

완성

간단 요약! 한 장 레시피

1. 꼭지를 제거한 청양고추 500g을 길게 4등분한 후 다시 작게 썬다.

2. 소독한 밀폐 용기에 작게 썬 청양고추 500g을 넣고, 현미식초 6컵을 붓는다.

3. 밀폐 후 이틀 간 냉장 보관하여 고추가 노르스름해질 때까지 숙성시킨다.

4. 2주 후부터는 걸러서 고추와 식초를 따로 냉장 보관해 사용한다.

하진쌤의 <만능 고추식초> TIP

① 냉국·초무침 등 초여름 요리 맞춤형!

② 전 부칠 때 양념장처럼 톡 찍어 먹어도 깔끔한 맛을 낸다.

③ 고기 요리에 사용하여 누린내를 잡는다.

④ 구운 고기 양념장으로 건더기까지 올려 찍어 먹어도 좋다.

상큼함 폭발하는
애호박초무침

<알토란> 역사상 최고로 초간단한 자연양념 '만능 고추식초'로
눈 깜짝할 새 만들어내는 환상의 맛, '애호박초무침'.
애호박의 영양과 맛을 더할 특별 재료인 가지와 오징어까지 곁들여 다채로운 맛을
자아낸다. 오징어가 들어가 더욱 쫄깃하고, 매콤 새콤달콤한 맛이 환상 궁합을 이루는
'애호박초무침' 황금 레시피를 공개한다!

셰프의
레시피

재료

애호박 1개, 가지 2개, 소금 2작은술, 식용유 적당량, 통오징어 1마리,
물 반 컵, 진간장 5큰술, 만능 고추식초·고추식초 건더기 각 6큰술,
다진 마늘·설탕 각 2큰술, 깨소금 3큰술, 송송 썬 실파 반 컵

만드는 법

①

애호박 1개를 0.5cm 두께로 썰고,
가지 2개를 1cm 두께로
도톰하게 썬다.

②

애호박과 가지에
각각 소금 1작은술을 넣어
버무리고 10분간 절인 후
물기를 뺀다.

③

팬에 식용유 적당량을 두른 뒤
절인 애호박과 가지를
각각 앞뒤로 노릇하게 굽는다.

TIP 따로 구워야 앞뒤로 균일하게 구워진다!

셰프의 설명

- 수분이 많은 가지는 수분이 빠져 두께가 얇아지므로 더 도톰하게 썬다.
- 애호박과 가지를 절이면 속까지 간이 잘 배고 수분이 빠져 쫄깃한 식감이 좋다.

만드는 법

4

내장·눈·입을 제거한
오징어 1마리와 물 반 컵을
달군 팬에 넣고 뚜껑을 덮은 뒤
센 불에서 3~4분간 익힌다.

5

익힌 오징어는 애호박과
같이 0.5cm 두께로 썰고,
구워둔 애호박과 가지와 함께
볼에 담는다.

6

진간장 5큰술,
만능 고추식초와 고추식초 건더기
각 6큰술을 넣는다.

셰프의 설명

• 오징어를 물에 구우면 탱글탱글 쫄깃한 식감이 살고 오징어의 맛과 향이 더 진해진다.

만드는 법

❼
다진 마늘 2큰술,
설탕 2큰술,
깨소금 3큰술을 넣는다.

❽
송송 썬 실파 반 컵을 넣어
양념장을 만든 다음
구워둔 재료와 함께 무친다.

만능 고추식초 하나로
새콤달콤 매콤한 맛이 어우러진
일품요리 애호박초무침 완성!

완성

간단 요약! 한 장 레시피

1. 애호박 1개를 0.5cm 두께로 썰고, 가지 2개를 1cm 두께로 도톰하게 썬다.

2. 애호박과 가지에 각각 소금 1작은술을 넣어 버무리고 10분간 절인 후 물기를 뺀다.

3. 팬에 식용유 적당량을 두른 뒤 절인 애호박과 가지를 각각 앞뒤로 노릇하게 굽는다.

4. 내장·눈·입을 제거한 오징어 1마리와 물 반 컵을 달군 팬에 넣고 뚜껑을 덮은 뒤 센 불에서 3~4분간 익힌다.

5. 익힌 오징어는 애호박과 같이 0.5cm 두께로 썰고, 구워둔 애호박과 가지와 함께 볼에 담는다.

6. 진간장 5큰술, 만능 고추식초와 고추식초 건더기 각 6큰술, 다진 마늘 2큰술, 설탕 2큰술, 깨소금 3큰술, 송송 썬 실파 반 컵을 넣는다.

7. 양념장을 만든 다음 구워둔 재료와 함께 무친다.

만능 천연 맛가루

'약藥'처럼 생각하고 음식에 첨가하라는 뜻을 담고 있는 '양념'.
천연 양념의 핵심에는 바로 '맛가루'가 있다!
나트륨 함량이 높은 인공 조미료는 필요 없다!
<알토란>표 '만능 천연 맛가루' 하나면 한국인의 밥상에 빠지지 않는 국·찌개 요리가
쉬워진다! 육수 낼 필요 없이 쉽고 간편하게 완성하고, 어떤 국물 요리에도 찰떡궁합을
이루는 '만능 천연 맛가루'의 비법과 황금 비율까지 대공개한다!

셰프의
레시피

∙∙∙∙∙∙∙∙∙∙∙∙∙∙∙∙∙∙∙∙∙ 재료 ∙∙∙∙∙∙∙∙∙∙∙∙∙∙∙∙∙∙∙∙∙

멸치가루, 건새우가루, 건홍합가루, 건표고버섯가루, 생강가루, 무가루

만드는 법

❶

멸치는 내장과 머리를 제거하고
마른 팬에 볶은 후,
믹서기에 곱게 갈아준다.

멸치를 볶아서 갈아야 비린내를 잡는다! **TIP**

❷

건새우는 마른 팬에
볶은 다음 믹서기에
곱게 갈아준다.

❸

건홍합은 절구에
잘게 빻아 준 다음
믹서기에 곱게 간다.

셰프의 설명

• 새우(중하)의 껍질을 벗기고 살만 바짝 말린 후 믹서기에 갈아서 새우가루를 만들 수 있다.

만드는 법

❹

건표고버섯은
밑동을 떼어낸 다음
믹서기에 간다.

TIP 건표고버섯은 비타민D가 풍부하고
향이 진해 감칠맛이 좋다.

❺

생강은 껍질을 벗기고
얇게 편 썰어 그늘에 말린 후
믹서기에 곱게 간다.

TIP 생강은 해물 맛가루의 비린내를 잡아준다!

❻

무는 껍질째 깨끗이 씻어 얇게
토막 낸 다음 바람이 잘 통하는
곳에 말린 후 믹서기에 곱게 간다.

TIP 마트에서 파는 말린 무말랭이를
사용해도 좋다!

셰프의 설명

- 건표고버섯 기둥은 딱딱해서 갈기 힘들기 때문에 떼어낸다.
- 무 껍질에 비타민C가 풍부하기 때문에 꼭 껍질째 말려야 한다.

만드는 법

7

새우가루, 멸치가루, 홍합가루,
표고버섯가루, 무가루는
1:1:1:1:1 비율로 넣는다.

각각 1큰술씩! TIP

8

생강가루는 1/4 비율로
넣어 섞는다.

약이 되는 자연 양념,
〈알토란〉표
만능 천연 맛가루 완성!

셰프의 설명

- 향이 강한 생강가루는 적게 넣어야 맛의 조화를 해치지 않는다.

완성

간단 요약! 한 장 레시피

1. 멸치는 내장과 머리를 제거하고 마른 팬에 볶은 후 믹서기에 곱게 갈아준다.

2. 건새우는 마른 팬에 볶은 다음 믹서기에 곱게 갈아준다.

3. 건홍합은 절구에 잘게 빻아 준 다음 믹서기에 곱게 간다.

4. 건표고버섯은 밑동을 떼어낸 다음 믹서기에 간다.

5. 생강은 껍질을 벗기고 얇게 편 썰어 그늘에 말린 후 믹서기에 곱게 간다.

6. 무는 껍질째 깨끗이 씻어 얇게 토막 낸 다음 바람이 잘 통하는 곳에 말린 후 믹서기에
   곱게 간다.

7. 새우가루, 멸치가루, 홍합가루, 표고버섯가루, 무가루는 1:1:1:1:1 비율로 넣는다.

8. 생강가루는 1/4 비율로 넣어 섞는다.

9. 밀폐 용기에 담아 냉동 보관한다.

**활용
요리**

시원한 맛이 일품
콩나물국

<알토란>표 '만능 천연 맛가루'로 5분 만에 뚝딱 만드는 '콩나물국'.
간단하면서도 맛 내기 어려운 게 콩나물국이지만, '만능 천연 맛가루'만 있으면
따로 육수 낼 필요 없이 쉽고 간편하게 시원한 국물맛을 살려낸다!
계란 프라이만큼 초간편하게 끓이는 '콩나물국'의 시원한 맛을 만끽해 보자!

셰프의
레시피

• • • • • • • • • • • • • • • **재료** • • • • • • • • • • • • • •

콩나물 400g, 두부 200g, 물 8컵, 청양고추 30g, 대파 50g,
만능 천연 맛가루 2큰술, 소금, 다진 마늘 2큰술

만드는 법

❶

물 8컵을 넣은 뒤 콩나물
400g을 넣고 뚜껑을 덮고 끓인다.

TIP 4인분 기준!

❷

콩나물이 끓는 동안 부재료인
두부 200g을 3등분 한 후
손가락 굵기로 썰어주고,
대파와 청양고추는
어슷썰기 한다.

❸

콩나물이 다 익으면
만능 천연 맛가루 2큰술을 넣고,
손질한 두부, 대파, 청양고추를
모두 넣는다.

TIP 만능 천연 맛가루 양은 기호에 따라 가감!

셰프의 설명

- 끓는 물에 콩나물을 넣을 경우 뚜껑을 열고 끓인다.
- 콩나물 대가리가 익지 않은 상태에서 뚜껑을 열면 비린내가 난다.

만드는 법

④
콩나물국이 끓을 때
다진 마늘 2큰술을 넣고,
소금으로 간을 한다.

무·된장·고추장 등을 **TIP**
넣어도 맛있다.

재료의 맛을 살리는
만능 천연 맛가루 하나로
5분 만에 시원한
콩나물국 완성!

143

완성

1. 물 8컵을 넣은 뒤 콩나물 400g을 넣고 뚜껑을 덮고 끓인다.

2. 콩나물이 끓는 동안 부재료인 두부 200g을 3등분 한 후 손가락 굵기로 썰어주고,
   대파와 청양고추는 어슷썰기 한다.

3. 콩나물을 다 익힌 후 만능 천연 맛가루 2큰술을 넣고, 손질한 두부, 대파, 청양고추를
   모두 넣는다.

   (* 맛가루 양은 기호에 따라 가감)

4. 콩나물국이 끓을 때 다진 마늘 2큰술을 넣고, 소금으로 간을 한다.

만능 해물 맛가루

바다의 감칠맛과 영양을 듬뿍 담아 모든 요리를
간편하고 더 맛있게 만드는 <알토란>표 '만능 해물 맛가루' 하나면,
번거롭던 국물 요리의 육수 내기 걱정 끝!
깊고 시원한 국물 맛을 살려내는 비법이 담긴
'만능 해물 맛가루'의 황금 비율을 알아보자.

셰프의
레시피

·—·—·—·—·—·—·—· 재료 ·—·—·—·—·—·—·—·

북어 대가리 3개, 볶은 디포리 20마리, 볶은 건보리새우 1컵,
다시마 2장(10x10cm크기), 함초가루 3큰술

맛의 한 수

북어 대가리와 함초가루

북어 대가리 = 해물 맛가루 맞춤 재료
북어 효능 ① 칼륨 풍부 → 나트륨 배출·심혈관 질환 예방
② 비타민E 풍부 → 불포화 지방산 산화 방지

갯벌의 산삼으로 불리는 함초 = 천연 짠맛
함초 효능 ① 콜레스테롤 억제 → 혈관 질환 예방
② 간 기능 향상 도움
③ 중성지방 제거 → 동맥경화 예방

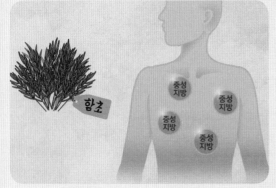
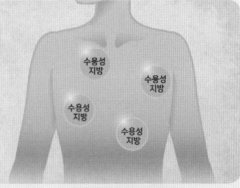

만드는 법

❶
북어 대가리는 홍두깨로 밀어
으깬 다음 눈과 이빨을 제거하고,
손이나 가위로 잘게 잘라
믹서기에 넣는다.

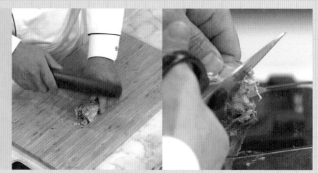

❷
믹서기에 넣은 북어 대가리를
30초간 갈아준다.

❸
다시마 2장(10x10cm)을 4등분하고,
볶은 건보리새우 1컵과 함께
믹서기에 넣어 30초간 간다.

셰프의 설명
• 크기가 작은 북어 대가리는 손으로 눌러 쉽게 손질 가능하다.

만드는 법

❹

믹서기에 간 북어 대가리,
다시마, 건보리새우가루를
그릇에 덜어낸다.

❺

볶은 디포리 20마리를 작게
자른 후 믹서기에 넣고 간 다음
북어 대가리, 다시마,
건보리새우가루에 섞는다.

기름기가 많아 오래 갈수록 뭉쳐지기 **TIP**
때문에 꼭 따로 거칠게 가는 것이 핵심!

❻

갈아놓은 네 가지
해물 맛가루에
함초가루 3큰술을 넣는다.

함초의 짠 맛이 **TIP**
천연 방부제 역할을 해준다!

149

만드는 법

❼
큰 그릇에 옮겨 5가지
맛가루를 잘 섞고,
체에 밭쳐 고운 가루를 내린다.

TIP 고운 가루 = 볶음·무침용
거친 가루 = 국·찌개용

❽
완성된 해물 맛가루는
밀폐 용기에 넣어
냉동 보관 한다.

천연 바다 재료로
혈관 건강에 탁월하고
국물 요리 시간을 단축해주는
만능 해물 맛가루 완성!

셰프의 설명

- 해조류와 건어물은 변질이 쉬우므로 밀폐 용기에 넣어 냉동 보관한다.

완성

간단 요약! 한 장 레시피

1. 북어 대가리는 홍두깨로 밀어 으깬 다음 눈과 이빨을 제거하고 손이나 가위로 잘게 잘라 믹서기에 넣는다.

2. 믹서기에 넣은 북어 대가리를 30초간 갈아준다.

3. 다시마 2장을 4등분하고, 볶은 건보리새우 1컵과 함께 믹서기에 넣어 30초간 간다.

4. 믹서기에 간 북어 대가리, 다시마, 건보리새우가루를 그릇에 덜어낸다.

5. 볶은 디포리 20마리를 작게 자른 후 믹서기에 넣고 간 다음 북어 대가리, 다시마, 건보리새우가루에 섞는다.

6. 갈아놓은 네 가지 해물 맛가루에 함초가루 3큰술을 넣는다.

7. 큰 그릇에 옮겨 5가지 맛가루를 잘 섞고, 체에 밭쳐 고운 가루를 내린다.

8. 완성된 해물 맛가루는 밀폐 용기에 넣어 냉동 보관한다.

활용요리
01

겨울철에 즐기는 혈관 보약,
굴국

겨울 제철 해산물하면 바로 이것, 영양 덩어리 굴이다.
겨울의 대표 해산물인 굴과 '만능 해물 맛가루'의 환상적인 만남!
굴 활용 요리에 '만능 해물 맛가루'를 더하기만 해도
조리 과정은 짧아지고, 감칠맛은 폭발한다.
깊고 시원한 국물 맛이 일품인 겨울철 최고 별미 '굴국'을 쉽고 간편하게 끓여보자!

세프의
레시피

····················· 재료 ·····················

굴 500g, 물 8컵, 천일염 1큰술, 무 5cm크기 한 토막, 배춧잎 3장, 숙주 300g,
대파 1/2대, 청양고추 1개, 국간장 1큰술, 새우젓 2큰술,
후춧가루 2꼬집, 홍고추 고명 약간, 만능 해물 맛가루 4큰술

신선한 굴 고르는 법

① 선명한 유백색

② 눌렀을 때 탄력이 있는 것

③ 검은 테가 선명한 것

굴의 효능

"타우린" 성분으로 혈관 건강에 탁월한 굴!

① 천연 피로 회복제 역할

② 체내 독소 제거

③ 혈액 순환 및 혈압 조절에 도움 → 심혈관 질환 예방

만드는 법

①
물 3컵, 천일염 1큰술을 넣은
소금물에 굴 500g을 살살 씻는다.

TIP 굴을 소금물에 보관하면 신선하게
보관할 수 있다.

②
냄비에 물 6컵을 붓고 센 불에서
끓인 후 만능 해물 맛가루 4큰술을
육수 팩에 담아 냄비에
함께 넣고 3분간 끓인다.

③
무는 5cm 길이로 채 썰어
냄비에 넣어 끓인다.

만드는 법

❹

배춧잎 3장은 이파리를 제거하고
줄기 부분만 어슷하게 썰어
냄비에 넣는다.

굴국 조리 시 쉽게 물러지지 않는 **TIP**
배추 줄기만 사용!

❺

새우젓 2큰술을 체에 밭쳐서
건더기는 거르고 국물만 내어
냄비에 넣은 후 만능 해물
맛가루 육수 팩을 건져낸다.

❻

중간불로 줄이고, 무와 배추가
투명해져 거의 익었을 때
청양고추 1개와 대파 1/2대를
어슷하게 썰어 넣는다.

셰프의 설명

- 두꺼운 배추 줄기를 얇게 어슷 썰어 넣으면 속까지 간이 잘 밴다.
- 육수 팩을 오래 끓이면 비린내가 날 수 있으므로 3분만 끓인다.

만드는 법

❼

국간장 1큰술을 넣어
간을 맞추고,
손질한 굴 500g을 넣는다.

❽

굴 넣은 후 바로
숙주 300g을 넣고 불을 끈 후,
홍고추와 대파를
고명으로 올리고
후춧가루 2꼬집을 넣는다.

〈알토란〉표 만능 해물 맛가루로
10분 만에 뚝딱 만든
겨울철 혈관 보약 굴국 완성!

셰프의 설명

• 숙주 특유의 향이 굴 비린내를 제거한다.

완성

간단 요약! 한 장 레시피

1. 물 3컵에 천일염 1큰술을 넣은 소금물에 굴 500g을 살살 씻는다.

2. 냄비에 물 6컵을 붓고 센 불에서 끓인 후 만능 해물 맛가루 4큰술을 육수 팩에 담아 냄비에 함께 넣고 3분간 끓인다.

3. 무는 5cm 길이로 채 썰어 냄비에 넣어 끓인다.

4. 배춧잎 3장은 이파리를 제거하고 줄기 부분만 어슷하게 썰어 냄비에 넣는다.

5. 새우젓 2큰술을 체에 밭쳐서 건더기는 거르고 국물만 내어 냄비에 넣은 후 만능 해물 맛가루 육수 팩을 건진다.

6. 중간불로 줄이고, 무와 배추가 투명해져 거의 익었을 때 청양고추 1개와 대파 1/2대를 어슷하게 썰어 넣는다.

7. 국간장 1큰술을 넣어 간을 맞추고, 손질한 굴 500g을 넣는다.

8. 굴 넣은 후 바로 숙주 300g을 넣고 불을 끈 후, 홍고추와 대파를 고명으로 올리고 후춧가루 2꼬집을 넣는다.

감칠맛 폭발하는
굴무침

겨울 제철 해산물인 굴과 '만능 해물 맛가루' 두 번째 활용 요리, '굴무침'.
누구나 쉽고 간단하게 생굴 비린내 잡는 법부터
맛없는 굴도 맛있게 살리는 특급 비법까지!
겨울철 별미 중의 별미인 '굴무침'의 감칠맛 넘치는 레시피로 맛있게 즐겨보자.

셰프의
레시피

---------- **재료** ----------

굴무침 재료 : 소금물에 씻은 굴 300g, 5cm 길이로 채 썬 배 1/2개,
　　　　　　5cm 길이로 채 썬 미나리 6줄기, 5cm 길이로 채 썬 쪽파 5줄기, 홍고추 1개,
　　　　　　5cm 길이로 채 썬 알배추 속잎, 멸치액젓 1큰술, 참기름 1큰술, 배춧잎

굴무침 양념 재료 : 중간 고춧가루 4큰술, 다진 마늘 1큰술, 생강즙 1작은술,
　　　　　　　　진간장 3큰술, 식초 3큰술, 설탕 2큰술, 맛술 2큰술, 참기름 2큰술,
　　　　　　　　깨소금 2큰술, 체에 거른 만능 해물 맛가루 1큰술

만드는 법

❶

소금물에 씻은 굴 300g을 볼에
담고 멸치액젓 1큰술을 넣어
버무린 다음 참기름 1큰술을
넣어 살살 버무린다.
참기름이 굴 표면을 코팅해 굴 속까지 TIP
간이 배기 어렵기 때문에 따로 버무린다.

❷

작은 볼에 중간 고춧가루 4큰술,
다진 마늘 1큰술,
생강즙 1작은술을 넣는다.

❸

진간장 3큰술, 맛술 2큰술,
식초 3큰술, 설탕 2큰술을 넣고
섞은 후 10분간 숙성해
양념장을 만든다.

셰프의 설명

- 멸치액젓은 굴의 간을 맞추고 감칠맛을 더한다.
- 양념장을 숙성하면 고춧가루 날내가 제거되고 양념도 흐르지 않는다.

159

만드는 법

④ 양념장에 체에 거른
고운 만능 해물 맛가루 1큰술을
넣고 골고루 섞는다.

⑤ 볼에 5cm 길이로 채 썬 쪽파,
미나리, 배, 알배추 속잎을 넣고
양념장을 넣은 후 골고루 무친다.

⑥ 멸치액젓과 참기름에
버무려둔 굴 300g을
양념장과 채소에
넣고 살살 버무린다.

TIP 채소와 굴을 함께 무치면
굴이 깨질 수 있다!

만드는 법

❼

버무린 굴무침에
참기름 2큰술,
깨소금 2큰술을 넣는다.

❽

배춧잎을 깐 접시에
굴무침을 담아 완성한다.

〈알토란〉표 만능 해물 맛가루로
감칠맛 폭발
3분 만에 뚝딱 완성한
겨울 별미 중의 별미,
굴무침 완성

완성

간단 요약! 한 장 레시피

1. 소금물에 씻은 굴 300g을 볼에 담고 멸치액젓 1큰술, 참기름 1큰술을 넣어 살살 버무린다.

2. 중간 고춧가루 4큰술, 다진 마늘 1큰술, 생강즙 1작은술, 진간장 3큰술, 맛술 2큰술, 식초 3큰술, 설탕 2큰술을 넣고 섞은 후 10분간 숙성해 양념장을 만든다.

3. 양념장에 체에 거른 만능 해물 맛가루 1큰술을 넣고 골고루 섞는다.

4. 볼에 5cm 길이로 채 썬 쪽파, 미나리, 배, 알배추 속잎을 넣고 양념장을 넣은 후 골고루 무친다.

5. 멸치액젓과 참기름에 버무려둔 굴 300g을 양념장과 채소에 넣고 살살 무친다.

6. 버무린 굴무침에 참기름 2큰술, 깨소금 2큰술을 넣는다.

7. 배춧잎을 깐 접시에 굴무침을 담아 완성한다.

만능 냉육수

무더운 여름을 이겨내는 시원한 <알토란>표 '만능 냉육수'.
재료는 소박하지만 감칠맛은 폭발하는 냉육수 맛 내기의 모든 것!
뼛속까지 얼얼하게 해주는 여름 필수템, 만능 냉육수 하나면
여름철에 즐겨찾는 모든 냉국 요리가 초간편 해진다.
감칠맛 끝판왕이자 활용도 만점인 '만능 냉육수'의 초특급 비법으로 시원한 여름나기!

셰프의
레시피

················· 재료 ·················

물 3L, 바지락 2컵, 멸치 2줌, 다시마 3장(10x10cm),
건표고버섯 5개, 무 1/3개, 양파 1개, 대파 1대, 물에 헹군 고추씨 반 컵,
꽃소금 4큰술 반, 설탕 1컵, 식초 1컵, 배 1개, 오이 1/2개

만드는 법

1

끓는 물 3L에 바지락 2컵,
국물용 멸치 2줌,
다시마 3장(10x10cm)을 넣는다

2

건표고버섯 5개를
넣고 맑은 육수를 위해
중간 중간 부유물을 걷어낸다.

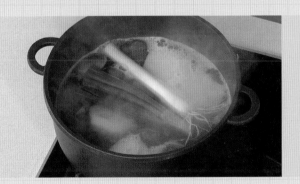

3

무 1/3개를 3등분 한 것과
양파 1개, 대파 1대를
뿌리째 넣는다.

셰프의 설명

- 건표고버섯은 감칠맛을 내는 아미노산이 농축되어 있다.
- 육수를 낼 때 무를 잘게 썰어 넣으면 오히려 쓴맛이 날 수 있다.

만드는 법

④

체에 밭쳐 물에 헹군
고추씨 반 컵을 넣고 끓인다.

TIP 깨끗한 만능 냉육수를 위해 고추씨는
꼭 헹구기!

⑤

센 불에서 육수가
끓기 시작하면 10분 뒤
다시마를 건져낸다.

⑥

30분이 지나면
3L에 맞게 물 양을 추가한 후
10분 더 끓인다.

셰프의 설명

• 고추씨를 넣으면 시원하고 칼칼한 맛을 낼 수 있다.

만드는 법

❼

40분간 육수가 끓고 나면 불을
끄고 면포에 건더기를 걸러낸 후
상온에서 차갑게 식힌다.

❽

식힌 육수에 소금 4큰술 반,
흰 설탕 1컵, 식초 1컵을 넣는다.

육수는 간간하게 간을 해야 **TIP**
부재료를 넣었을 때 간이 맞다!

❾

배 1개, 오이 1/2개를 썰어서
믹서기에 곱게 간 후
면포에 걸러 즙만 짜낸다.

만드는 법

⑩
오이와 배즙을 육수에 넣고 섞은 후
지퍼 팩에 2~3컵씩 소분해 담아
냉동실에 얼려 보관한다.

TIP 종이컵 기준 2~3컵 = 1인분

바다의 감칠맛이 폭발하는
여름철 필수템
〈알토란〉표 만능 냉육수 완성!

임짱이 알려주는 〈만능 냉육수〉 주재료 손질법

① 바지락

- 상온의 물에 물 양의 10%의 소금을 녹인다.

- 불빛을 차단한 서늘한 곳에서 2시간 정도 해감한다.

- 깨끗이 헹구면 모래를 더 잘 내뱉는다.

② 국물용 멸치

- 대가리와 내장을 제거한 후 마른 팬에 한번 볶아 비린내를 없앤다.

③ 다시마

- 다시마는 젖은 행주로 닦아내 준비한다.

완성

간단 요약! 한 장 레시피

1. 끓는 물 3L에 바지락 2컵, 국물용 멸치 2줌, 다시마 3장(10x10cm), 건표고버섯 5개를 넣고 맑은 육수를 위해 중간 중간 부유물을 걷어낸다.

2. 무 1/3개를 3등분 한 것과 양파 1개, 대파 1대 뿌리째 넣는다.

3. 체에 밭쳐 물에 헹군 고추씨 반 컵을 넣고 끓인다.

4. 센 불에서 육수가 끓기 시작하면 10분 뒤 다시마를 건져낸다.

5. 30분이 지나면 3L에 맞게 물 양을 추가한 후 10분 더 끓인다.

6. 40분간 육수가 끓고 나면 불을 끄고 면포에 건더기를 걸러낸 후 상온에서 차갑게 식힌다.

7. 식힌 육수에 소금 4큰술 반, 흰 설탕 1컵, 식초 1컵을 넣는다.

8. 배 1개, 오이 1/2개를 썰어서 믹서기에 곱게 간 후 면포에 걸러 즙만 짜낸다.

9. 오이와 배즙을 육수에 넣고 섞은 후 지퍼 팩에 2~3컵씩 소분해 담아 냉동실에 얼려 보관한다.

만능 냉육수로 뼛속까지 얼얼한,
물냉면

여름철 무더위를 날려줄 대표 음식 '물냉면'.
면 하나만 삶으면 냉면 먹을 준비가 끝난다!
'만능 냉육수'를 활용해 1분만 투자한다면 속이 뻥 뚫리고
감칠맛 폭발하는 시원한 '물냉면'을 집에서도 즐길 수 있다.

셰프의
레시피

재료

냉면용 숙면, 만능 냉육수, 열무김치, 삶은 달걀

만드는 법

❶

면을 손바닥으로
비벼 가닥가닥 잘 풀어준 뒤
끓는 물에 넣어 30~40초간 삶는다.

물 양이 넉넉해야 **TIP**
면이 짧은 시간 안에 잘 익는다!

❷

삶은 면을 찬 물에
2~3번 비벼가며 헹군다.

❸

삶은 뒤 헹군 면을
그릇에 담고
준비한 삶은 달걀과
열무김치를 올린다.

셰프의 설명

- 냉면 끝부분을 손바닥으로 비비면 면이 잘 풀어진다.
- 면의 전분을 깨끗이 헹궈야 면이 불지 않고 깔끔한 국물 맛이 유지된다.
- 엄지손가락을 가운데 넣고 돌려가며 안으로 밀어 넣으면 예쁘게 담을 수 있다.

171

만드는 법

❹
지퍼 팩에 얼린 만능 냉육수를
홍두깨로 살살 깬 뒤
물에 30초 정도 담가 둔다.

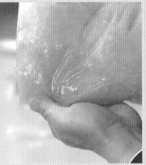

❺
살짝 녹은
만능 냉육수 살얼음을
그릇에 담아 완성한다.

만능 냉육수 하나로
뚝딱 만들어 우리집이
냉면 맛집이 되는 시간!

간단 요약! 한 장 레시피

1. 면을 손바닥으로 비벼 가닥가닥 잘 풀어준 뒤 끓는 물에 넣어 30~40초간 삶는다.

2. 삶은 면을 찬 물에 2~3번 비벼가며 헹군다.

3. 면을 그릇에 담고 준비한 삶은 달걀과 열무김치를 올린다.

4. 지퍼 팩에 얼린 만능 냉육수를 홍두깨로 살살 깬 뒤 물에 30초 정도 담가 둔다.

5. 살짝 녹은 냉육수를 그릇에 담아 차려낸다.

집밥을 맛있게!
간장, 고추장, 된장을
활용하자!

PART 02

만능 전통장

한식을 대표하는 천연 발효 식품, 바로 '전통장醬'이다.
어느 요리에도 빠지지 않는 고추장, 된장, 간장의
맛깔 나는 변신이 시작된다.

건강한 한 끼, 따라하고 싶은 한 끼!
요리 초보부터 주부 9단까지 쉽고 더 맛있게 만들 수 있는
〈알토란〉만의 맛의 한 수!

한번 따라 하면 계속 만들고 싶어지는
〈알토란〉표 '만능 전통장'을 소개한다.

재료는 소박하게, 조리는 간단하게!
밥상의 풍미가 확 살아나는 〈알토란〉표 '만능 전통장' 레시피!

흔한 간장, 고추장, 된장을 더 맛있게 즐기는 특급 비법!
식탁의 원기를 돋우는 〈알토란〉표 '만능 전통장'으로
밥상 위 효자 요리를 만끽해보자.

만능 장아찌간장

한국인의 면역력을 높여줄 <알토란>표 발효 밥상!
누구나 쉽게 따라할 수 있는 발효 밥상의 주재료는 바로 '간장'이다.
발효 음식하면 떠오르는 밥도둑 '장아찌'를 더욱 간편하게 뚝딱 만들 수 있는 비법!
깊고 진한 감칠맛이 일품인 최고의 발효 반찬 장아찌를
집에서도 쉽고 간편하게, 더 맛있게 만들어 보자.
짜지 않고 건강한 맛의 <알토란>표 '만능 장아찌간장' 황금 레시피를 공개한다!

셰프의
레시피

--------- 재료 ---------

진간장 6컵, 황설탕 5컵, 식초 3컵, 매실액 반 컵, 월계수 잎 7장, 고추씨 1컵 반,
물 3컵, 소주 반 컵, 까나리액젓 반 컵

맛의 한 수

만능 장아찌간장

① 월계수 잎을 넣는다!
- 잡내 제거
- 항균 작용 → 변질 방지·보관 용이
- 천연 방부제 역할 → 변질 및 오염 방지

② 고추씨를 넣는다!
- 고추의 과육보다 캡사이신 성분 풍부
- 혈액 응고 방지
- 동맥경화 등 심혈관 질환 예방

③ 소주를 넣는다!
- 아삭한 식감 상승
- 골마지·변질 방지

④ 까나리액젓을 넣어라!
- 양념장의 맛을 좌우하고 감칠맛이 폭발한다.

만드는 법

① 볼에 진간장 6컵,
황설탕 5컵, 식초 3컵을
넣고 섞는다.

TIP 간장 6 : 설탕 5 : 식초 3
짠·단·신 황금 비율!

② 냄비에 월계수 잎 7장,
씻어놓은 고추씨 1컵 반,
물 3컵을 넣는다.

TIP 고추씨는 그냥 쓰면 빨간물이 나오기
때문에 꼭 두 번 씻어서 준비!

③ 물 1컵 양으로
졸아들 때까지
센 불에서 10분간 끓인다.

TIP 육수 팩에 넣어 끓이면 더욱 편리!

만드는 법

④
고추씨와 월계수 잎을
체에 밭쳐 거른 다음
우린 물을 식혀준다.

⑤
①번의 간장에 소주 반 컵,
매실액 반 컵, 고추씨와 월계수 잎
우린 물 1컵, 까나리액젓 반 컵을
넣고 섞어 완성한다.

깊은 풍미는 더하고
염도는 낮춘
만능 장아찌간장 완성!

셰프의 설명

- 장아찌를 담그면 채소의 수분에 의해 짠맛이 줄어든다.

완성

간단 요약! 한 장 레시피

1. 큰 볼에 진간장 6컵, 황설탕 5컵, 식초 3컵을 섞는다.

2. 물 3컵에 씻은 고추씨 1컵 반과 월계수 잎 7장을 넣고 센 불에서 약 10분간 끓인다.

3. 고추씨와 월계수 잎을 체에 밭쳐 걸러낸 물을 식힌다.

4. ①번의 간장에 단촛물에 소주 반 컵, 매실액 반 컵, 고추씨와 월계수 잎 우린 물 1컵, 까
   나리액젓 반 컵을 넣고 섞는다.

만능 장아찌간장으로 만드는

양파장아찌 & 마늘장아찌

'만능 장아찌간장'으로 냉장고 속 처치곤란 양파와 마늘을 재탄생시킨다.
새콤달콤 아삭한 혈관 보약 '양파장아찌'와
매운맛 쏙 뺀 면역력 보약 '마늘장아찌'를 5분만에 뚝딱 만들어 보자.
<알토란>표 '만능 장아찌간장'을 활용한 초간단 장아찌 비법!
맛도 좋고 몸에도 좋은 밑반찬 장아찌 만들기에 도전해보자.

셰프의
레시피

────── 재료 ──────

양파장아찌 재료 : 양파 7개, 청양고추 10개, 만능 장아찌간장 9컵

마늘장아찌 재료 : 통마늘 2kg, 물 6컵, 소금 6큰술, 만능 장아찌간장 9컵

양파장아찌 만드는 법

❶

양파 7개를 2등분 한 후 크기가
작은 심지를 빼서 유리병에 넣고,
나머지는 4등분 한 후 유리병에
넣는다.

❷

청양고추 10개를
3등분 해서 넣는다.

TIP 아이들과 먹을 땐 청양고추
대신 풋고추 사용!

❸

유리병에
만능 장아찌간장 9컵을
넣는다.

TIP 양파장아찌 황금 비율
양파 7개 : 장아찌간장 9컵

셰프의 설명

• 숙성 과정에서 양파의 수분과 섞여 적당한 염도가 완성된다.

❹
만능 장아찌간장을 넣고
푹 잠기도록 누른 후
유리병의 뚜껑을 닫아
3일간 실온에 숙성한 다음
냉장 보관한다.

<알토란>표
만능 장아찌간장으로
아삭한 맛이 일품인
양파장아찌 완성!

마늘장아찌 만드는 법

❶
물 6컵에 소금 6큰술로
소금물을 만들고
통마늘 2kg을 반나절 담가
매운맛을 제거한다.

❷
물기를 제거한 마늘 2kg을
유리병에 넣고, 만능 장아찌간장
9컵을 넣어 서늘한 실온에서
2주간 숙성 후 냉장 보관한다.

만능 장아찌간장이 마늘에
쏙 배어 감칠맛이 일품인
천연 면역력 보약,
마늘장아찌 완성!

마늘장아찌 담글 때 주의사항
- 녹변 현상은 저온 보관한 마늘이 상온에 나오면서 온도변화 때문에 나타난다.
- 상온 보관한 마늘로 장아찌를 담그는 것이 좋다.
- 녹변된 마늘장아찌는 고추장 양념에 무쳐 먹으면 좋다.

완성

간단 요약! 한 장 레시피

 양파장아찌

1. 반으로 자른 후 4등분한 양파 7개, 3등분 한 청양고추 10개를 유리병에 넣는다.

2. 양파와 청양고추를 넣은 유리병에 만능 장아찌간장 9컵을 붓는다.

3. 유리병 속 내용물들이 푹 잠기도록 누른 후 뚜껑을 닫는다.

4. 3일간 실온에서 숙성한 다음 냉장 보관한다.

 마늘장아찌

1. 물 6컵에 소금 6큰술로 소금물을 만들고, 통마늘 2kg을 반나절 담가 매운맛을 제거한다.

2. 물기를 제거한 마늘 2kg을 유리병에 넣고, 만능 장아찌간장 9컵을 넣는다.

3. 서늘한 실온에서 2주간 숙성 후 냉장 보관한다.

만능 맛간장

한식 필수 양념인 간장으로 쉽고 간단하게 '맛간장'을 만든다!
짭조름한 감칠맛은 물론, 활용도 만점인 <알토란>표 '만능 맛간장'.
<알토란> 사상 초간단 레시피, 이대로 따라만 하면 절대 실패하지 않는다!
감칠맛을 높여주는 채소 육수가 들어가 맛에 빈틈이 없다.
조림 요리에 절대 빠질 수 없는 '만능 맛간장'의 단짠단짠 황금 비율로 맛깔나게 즐겨보자.

• — • — • — • — • — • — • 재료 • — • — • — • — • — • — •

만능 맛간장 재료 : 간장 4큰술, 조청 5큰술, 설탕 2큰술, 맛술 5큰술

채소 육수 재료 : 물 10컵, 양파 100g, 통마늘 50g, 대파 50g, 건표고버섯 5개

만드는 법

1

볼에 간장 4큰술, 조청 5큰술,
설탕 2큰술, 맛술 5큰술을
넣고 잘 섞는다.

2

냄비에 양파 100g, 통마늘 50g,
대파 50g, 건표고버섯 5개,
물 10컵을 넣어
채소 육수를 만든다.

3

채소 육수는 센 불에서 5분간
끓인 다음 중불로 줄여 25분 더
끓인 후 한소끔 식힌다.

물 10컵이 5컵이 될 때까지 끓인다. **TIP**

셰프의 설명

• 조림 요리에 채소 육수를 넣으면 감칠맛이 풍부해진다.

만드는 법

❹
만들어둔 간장에
식힌 채소 육수 1컵을 넣는다.

채소 육수까지 들어가
감칠맛이 더욱 높아진
〈알토란〉표 만능 맛간장 완성!

간단 요약! 한 장 레시피

1. 간장 4큰술, 조청 5큰술, 설탕 2큰술, 맛술 5큰술을 넣는다.

2. 냄비에 양파 100g, 통마늘 50g, 대파 50g, 건표고버섯 5개, 물 10컵을 넣는다.

3. 센 불로 5분 끓인 다음 중불로 25분 끓인다.

4. 한소끔 식힌 채소 육수를 만들어둔 간장에 1컵 넣는다.

만능 맛간장으로 아삭하게

우엉조림

간장을 활용하는 수많은 요리 중 가장 기본은 바로 '간장조림'이다.
자극적이지 않아 밑반찬으로 제격인 조림 반찬!
그중 감칠맛 가득한 '만능 맛간장'의 맛을 제대로 살린 국민 반찬 '우엉조림'.
찐득한 우엉조림은 이제 그만! <알토란>표 '만능 맛간장'으로 아삭하고,
달콤 짭조롬하게 입맛 사로잡는 '우엉조림'의 정석을 알아보자

셰프의
레시피

• 재료 •

만능 맛간장, 우엉 600g, 물 10컵, 식초 4큰술, 포도씨유 3큰술, 당근 100g,
청양고추 5개, 참기름 2큰술, 통깨 2큰술

우엉의 효능

"우엉을 오래 먹으면 오장의 나쁜 기운을 몰아내고 몸이 가벼워지며 늙지 않는다."

―<본초강목> 중에서

• 식이섬유가 풍부해 몸속 독소 배출과 다이어트에도 좋다.
• 빈혈과 치매예방에 좋고 면역력과 신장 기능 향상에 도움을 준다.

만드는 법

❶
깨끗이 세척한 우엉 600g을
6~7cm 길이로 자른 다음
얇게 채 썬다.

❷
아린 맛 제거를 위해 손질된
우엉 600g에 물 10컵을 붓고,
식초 4큰술을 넣어
10분간 담가둔 후, 체에
밭쳐 물기를 제거한다.

❸
달군 팬에 포도씨유
3큰술을 두르고,
우엉을 센 불에서
약 3분간 볶는다.

셰프의 설명

• 우엉을 미리 볶으면 오래 조리지 않아서 아삭한 식감을 내고
  조림장이 눌어붙지 않는다.

만드는 법

④

우엉이 반 정도 익었을 때
채 썬 당근 100g을 넣고
1분간 볶는다.

⑤

당근까지 반 이상 익으면
만능 맛간장을 넣고
다 졸아들 때까지
센 불에서 쭉 조린다.

TIP 맛간장은 취향에 따라 가감!

⑥

만능 맛간장이 거의 졸아들 때
반으로 갈라 채 썬 청양고추 5개를
넣고 볶은 후 참기름 2큰술,
통깨 2큰술을 넣어 마무리한다.

셰프의 설명

- 우엉보다 빨리 익는 당근은 나중에 넣어야 아삭하다.

완성

아삭아삭한 식감에
찐득거리지 않고
짜지 않아 듬뿍 먹어도 좋은
조림 요리 끝판왕, 우엉조림 완성!

간단 요약! 한 장 레시피

1. 깨끗이 세척한 우엉 600g을 6~7cm 길이로 자른 다음 얇게 채 썬다.

2. 아린 맛 제거를 위해 손질된 우엉 600g에 물 10컵을 붓고, 식초 4큰술을 넣어 10분간
   담가둔 다음 체에 밭쳐 물기를 제거한다.

3. 달군 팬에 포도씨유 3큰술을 두르고, 우엉을 센 불에서 약 3분간 볶는다.

4. 우엉이 반 정도 익었을 때 채 썬 당근 100g을 넣고 1분간 볶는다.

5. 당근까지 반 이상 익으면 만능 맛간장을 넣고 다 졸아들 때까지 센 불에서 쭉 조린다.

6. 반으로 갈라 채 썬 청양고추 5개를 넣는다.

7. 만능 맛간장이 거의 졸아들면 참기름 2큰술, 통깨 2큰술을 넣는다.

만능 어향간장

어패류에 소금을 넣고 1년 이상 숙성시켜 깊은 맛이 일품인 어간장.
맛은 좋지만 오랜 숙성과정 때문에 집에서 만들 엄두가 안 났다면
어간장의 풍미를 그대로 담아낸 <알토란>표 '만능 어향간장'을 만들어보자.
액젓과 간장이 들어가는 요리에 액젓과 간장 대신 간편하게 '만능 어향간장'만 넣으면 OK!
국, 조림, 무침, 볶음 등 다양한 요리에 무한 활용 가능한
'만능 어향간장'으로 맛과 건강을 모두 챙겨보자!

셰프의 레시피

········· 재료 ·········

디포리 300g, 대파 흰 부분 4뿌리, 양파 1개, 다시마 1장, 건표고버섯 5개, 통마늘 20알,
국간장 1L, 물 1L, 멸치액젓 1L, 맛술 2컵 반(500g), 불린 메주콩 2컵

만드는 법

①

기름을 두르지 않은 팬에
디포리 300g을 5분간 볶고 식힌다.

TIP 디포리가 없을 경우 같은 양의
멸치로 대체 가능!

②

볶아서 식힌 디포리를 육수 팩에
넣고, 다른 육수 팩에
대파 흰 부분 4뿌리, 껍질째
4등분 한 양파 1개를 넣는다.

③

가로 세로 10cm 크기의
다시마 1장, 건표고버섯 5개,
으깬 통마늘 20알을 넣는다.

TIP 큰 육수 팩이 있을 경우
하나로 더 편리하게!

셰프의 설명

- 디포리를 볶으면 비린 맛이 제거되고 구수함이 증가한다.
- 대파 흰 부분을 사용하면 육수가 맑고 시원한 맛이 난다.
- 육수를 낼 때 으깬 마늘을 사용하면 국물이 깔끔하다.

만드는 법

4

냄비에 국간장·멸치액젓·물을
각 1L씩 넣는다.

TIP 국간장 : 멸치액젓 : 물의 비율 = 1 : 1 : 1

5

냄비에 맛술 2 컵 반(500g)을 넣은
뒤 채소와 디포리를 담은 육수 팩을
넣고 불을 켠다.

6

4시간 불린 메주콩 2컵을
냄비에 넣는다.

TIP 메주콩은 3~4일 후 건져서
콩자반으로 활용!

셰프의 설명

- 맛술은 멸치액젓과 디포리의 잡냄새를 없애고 특유의 단맛이 감칠맛을 올린다.
- 메주콩을 넣으면 구수한 맛이 살아나고 염도를 낮추는 효과가 있다.

만드는 법

7

간장이 2L가 될 때까지
센 불에서 2~30분간 졸인 후
끓기 시작하면 중불로 줄인다.

비린내가 날아가도록 **TIP**
뚜껑을 열고 끓이기!

8

어향간장이 절반으로 졸아들면 불
을 끄고 3~40분 정도 차갑게 식힌
후 육수 팩을 건지고 콩은 그대로 둔
채로 유리병에 담아 냉장 보관한다.

육수 팩을 세게 짜면 채소 쓴맛이 나오므로 **TIP**
간장이 자연스럽게 빠지도록 한다!

염도는 낮추고,
소량만 넣어도
감칠맛이 살아나는
〈알토란〉표 만능 어향간장 완성!

셰프의 설명

- 콩을 오래 삶으면 메주 냄새가 나므로 2~30분만 졸인다.
- 어향간장을 식히면 수증기가 증발해 더 졸아든다.

완성

1. 기름을 두르지 않은 팬에 디포리 300g을 5분 볶는다.

2. 육수 팩에 볶아낸 디포리를 넣는다.

3. 다른 육수 팩에 대파 흰 부분 4뿌리, 4등분한 양파 1개, 가로 세로 10cm 크기의 다시마 1 장, 건표고버섯 5개, 으깬 통마늘 20알을 넣는다.

4. 냄비에 국간장 1L, 멸치액젓 1L, 물 1L를 넣는다. (국간장 : 멸치액젓 : 물의 비율 = 1 : 1 : 1)

5. 냄비에 맛술 2 컵 반(500g)을 넣은 뒤 채소와 디포리를 담은 육수 팩을 넣고 불을 켠다.

6. 4시간 불린 메주콩 2컵을 냄비에 넣는다.

7. 간장이 2L가 될 때까지 센 불에서 2~30분간 졸인 후 끓기 시작하면 중불로 줄인다.

8. 3~40분 정도 차갑게 식힌 후 육수 팩을 건지고 콩은 그대로 둔다.

   (콩은 3 ~ 4일 후에 건져낸다 - 콩조림 등에 활용 가능)

9. 완전히 식힌 후 유리병에 담아 냉장 보관한다.

만능 어향간장으로 손쉽게 만드는
애호박 잔치국수

감칠맛 폭발하는 '만능 어향간장'으로 따로 육수 낼 필요 없이 손쉽게 만드는,
시원한 국물 맛이 일품인 겨울철 별미 '애호박 잔치국수'.
발효 음식만큼 혈관과 장 건강에 탁월한 애호박과 소면, '만능 어향간장'으로
뚝딱 만들어 즐기는 '애호박 잔치국수'의 맛에 흠뻑 빠져보자.

셰프의
레시피

· · · · · · · · · · · · · · · · · 재료 · · · · · · · · · · · · · · · · ·

국수 재료(1인분 기준) : 물 3컵 반(700mL), 만능 어향간장 반 컵(100mL), 애호박 1개,
소면 1인분(한 줌), 깨소금 1큰술, 후춧가루 1꼬집, 식용유 반 큰술, 참기름 약간

애호박 절임물 : 소금 반 큰술, 물 1큰술

양념장 : 만능 어향간장 4큰술, 참기름 1큰술, 다진 마늘 1큰술, 고춧가루 1큰술, 청양고추 1개, 대파 1/3대

애호박 잔치국수

① 애호박의 씨를 제거한다!
- 무른 애호박의 씨 부분을 제거해서 식감을 살린다.
- 엄지로 중심을 잡고 칼날을 조금씩 밀며 돌려 깎으며 씨를 제거한다.
- 겉면만 돌려가며 썰어서 씨를 제거한다.

② 애호박을 절인다!
- 애호박을 절여서 수분을 제거한 뒤 볶아 식감을 살린다.

③ 애호박 효능
- 나트륨 배출 → 혈관 질환 예방
- 위 점막 보호 → 소화 도움
- 베타카로틴 성분 함유 → 감기 예방 및 호흡기 면역력 강화

④ 육수의 간은 세게 맞춰라!
- 육수의 간을 세게 맞춰야 소면이 들어갔을 때 간이 맞다.

⑤ 토렴하지 않아도 된다!
- 잔치국수는 40~50℃에서 먹어야 모든 향을 느낄 수 있다.

만드는 법

❶

애호박 1개를 3등분(5cm)으로
썰어 반으로 자른 뒤
껍질만 돌려서 깎아준다.

돌려 깎기가 어려울 땐, **TIP**
겉면만 돌려가며 썬다!

❷

돌려 깎기 한 애호박은
소면의 굵기와 동일하게
채 썰어준다.

❸

채 썬 애호박은 소금 반 큰술,
물 1큰술에 버무려
10~15분간 절인다.

셰프의 설명

- 엄지로 중심을 잡고 칼날을 조금씩 밀며 돌려 깎는다.
- 애호박을 절여서 수분을 제거한 뒤 볶아 식감을 살린다.

만드는 법

④
절인 애호박을
면포에 담아
물기를 짠다.

⑤
달군 프라이팬에
식용유 반 큰술을 두르고
절인 애호박을
센 불에 30초간 볶아준다.

⑥
볶은 애호박에
참기름 약간을 넣고
넓게 펴서 식힌다.

셰프의 설명

- 절인 애호박이 깨지지 않도록 물을 꽉 짜지 않는다.
- 달군 팬에 절인 애호박을 볶아주면 색과 식감이 살아난다.

만드는 법

❼

냄비에 물 3컵 반(700mL),
만능 어향간장 반 컵(100mL)을
넣어 육수를 끓인다.

물과 어향간장의 비율 = 7 : 1 **TIP**

❽

소면 1인분(한 줌)은 따로 삶아
그릇에 담고, 볶은 애호박을 올린 후
깨소금 1큰술, 후춧가루 1꼬집을
고명으로 올리고 육수를 부어준다.

취향에 따라 만들어둔 양념장 가감! **TIP**

따로 육수 낼 필요 없이
〈알토란〉표 만능 어향간장을
활용한 일품요리
애호박 잔치국수 완성!

완성

1. 애호박 1개를 3등분(5cm)으로 썰어 반으로 자른 뒤 껍질만 돌려서 깎아준다.

2. 돌려 깎기 한 애호박은 소면의 굵기와 동일하게 채 썰어준다.

3. 채 썬 애호박은 소금 반 큰술, 물 1큰술에 버무려 10~15분간 절인 후 면포에 담아 물기를 짠다.

4. 달군 프라이팬에 식용유 반 큰술을 두르고 절인 애호박을 센 불에 30초간 볶아준다.

5. 볶은 애호박에 참기름 약간을 넣고 넓게 펴서 식힌다.

6. 냄비에 물 3컵 반(700mL), 만능 어향간장 반 컵(100mL)을 넣어 육수를 끓인다.

 (* 만능 어향간장은 취향에 맞게 가감)

7. 소면 1인분(한 줌)은 따로 삶아 그릇에 담고, 소면 위에 볶은 애호박을 푸짐하게 올린 다음 깨소금 1큰술, 후춧가루 1꼬집을 고명으로 올린다.

8. 만능 어향간장 육수를 부어 마무리한다.

만능 집간장

누가 만들어도 감칠맛 폭발하고 매일 먹어도 맛있는
<알토란>에서 공개하는 집밥의 일급 비법!
시판용 국간장으로 집에서 초간단한 '집간장'을 만들어 전통의 맛을 낼 수 있다!
'만능 집간장' 하나면 나물 요리부터 국·찌개는 물론, 추석 음식까지 쉬워진다.
전통장의 깊은 맛을 그대로 살린 <알토란>표 '만능 집간장'으로 반찬의 품격이 높아진다.

셰프의
레시피

· · · · · · · · · · · · · · · · · · 재료 · · · · · · · · · · · · · · · · · ·

시판용 국간장 5컵, 건표고버섯 10개(50g), 다시마 10장(5x5cm),
물 8컵, 검정콩 1컵, 물 1컵 반, 홍두깨살 200g, 청주 3컵

만드는 법

①

냄비에 시판용 국간장 5컵, 건표고
버섯 10개(50g), 다시마 10장(5x5cm)
을 넣고 실온에 4시간 우린다.

우린 후 끓여야 건표고버섯의 **TIP**
감칠맛이 제대로 난다.

②

볼에 씻은 검정콩 1컵과
물 8컵을 넣어
실온에 4시간 불린다.

검정콩이 없다면 메주콩으로 대체 가능! **TIP**

③

4시간 후 우린 국간장에
불린 검정콩과 콩 불린 물,
물 1컵 반, 홍두깨살 200g,
청주 3컵을 넣고 센 불로 끓인다.

기름이 뜨지 않게 기름기 없는 부위 사용 **TIP**

셰프의 설명

- 검정콩과 검정콩 불린 물을 넣으면 시판용 국간장에 구수함을 더하고, 나트륨 배출에 도움이 된다.
- 변질 방지와 골마지 방지를 위해 청주를 꼭 넣는다.

만드는 법

④

끓어오르면 약불로 줄인 다음
다시마를 건지고 총 7컵(1.4L)이
될 때까지 30분간 더 끓인다.

⑤

30분이 지나면 불을 끄고
건더기를 체에 걸러낸 후
식혀서 완성한다.

시판용 국간장으로
전통장의 맛을 내는
〈알토란〉표 만능 집간장 완성!

완성

간단 요약! 한 장 레시피

1. 냄비에 시판용 국간장 5컵, 건표고버섯 10개(50g), 다시마 10장(5x5cm)을 넣고 실온에 4시간 우린다.

2. 볼에 씻은 검정콩 1컵과 물 8컵을 넣어 실온에 4시간 불린다.

3. 4시간 후 우린 국간장에 불린 검정콩과 콩 불린 물, 물 1컵 반, 홍두깨살 200g, 청주 3컵을 넣고 센 불로 끓인다.

4. 끓어오르면 약불로 줄인 다음 다시마를 건지고 총 7컵(1.4L)이 될 때까지 30분간 더 끓인다.

5. 30분이 지나면 불을 끄고 건더기를 체에 걸러낸 후 식혀서 완성한다.

부드럽게 즐기는

근대볶음

<알토란>표 '만능 집간장'으로 만드는 산뜻하고 구수한 일품 반찬, '근대볶음'.
제철 채소 근대를 부드럽고 맛있게 익히는 비법부터 '만능 집간장'으로
깊은 맛을 내는 양념 비법까지 대방출!
볶은 근대의 풍미와 '만능 집간장'의 깊은 맛이 어우러져 찰떡궁합을 이룬다.
근대무침과는 또 다른 매력을 가진 '근대볶음' 황금 레시피를 알아보자.

셰프의
레시피

· · · · · · · · · · · — • 재료 • — · · · · · · · · · ·

근대 1kg, 소금 2큰술, 다진 마늘 3큰술, 다진 파 6큰술, 후춧가루 2꼬집, 만능 집간장 3큰술,
식용유 적당량, 채 썬 홍고추 3개, 깨소금 3큰술, 참기름 3큰술

만드는 법

1

깨끗이 씻은 근대 1kg의
줄기 부분 껍질을 제거하고,
줄기와 잎을 분리한 다음 잎 부분
은 4등분으로 먹기 좋게 자른다.

2

끓는 물에 소금 2큰술을 넣고
손질한 줄기, 잎을 순서대로
넣어 살짝 데친 후 찬물에
헹궈 물기를 짠다.

3

데친 근대에 다진 마늘 3큰술,
다진 파 6큰술, 후춧가루
2꼬집, 만능 집간장 3큰술을
넣어 무친다.

만능 집간장은 입맛에 따라 가감! TIP

셰프의 설명

- 데치는 시간의 차이가 있기 때문에 따로 분리해 데쳐야 더 부드러워진다.
- 볶기 전에 양념해야 간이 잘 밴다.

만드는 법

4

팬에 식용유 적당량을 두르고
양념한 근대를 넣어 파와 마늘이
익을 때까지 약 3분간 볶는다.

5

채 썬 홍고추 3개를 넣고
살짝 볶은 후 불을 끄고
깨소금 3큰술,
참기름 3큰술을 넣어 완성한다.

〈알토란〉표 만능 집간장으로
뚝딱 만들어 먹는
일품 반찬
근대볶음 완성!

완성

1. 근대 1kg의 줄기 부분 껍질을 제거한 후 줄기와 잎을 분리하여 먹기 좋게 자른다.
2. 끓는 물에 소금 2큰술을 넣고 손질한 줄기, 잎을 순서대로 넣어 살짝 데친 후 찬물에 헹궈 물기를 짠다.
3. 데친 근대에 다진 마늘 3큰술, 다진 파 6큰술, 후춧가루 2꼬집, 만능 집간장 3큰술을 넣어 무친다.
   (* 만능 집간장은 입맛에 따라 가감)
4. 팬에 식용유 적당량을 두르고 양념한 근대를 넣어 파와 마늘이 익을 때까지 3분간 볶는다.
5. 채 썬 홍고추 3개, 깨소금 3큰술, 참기름 3큰술을 넣어 완성한다.

만능 약고추장

한국인이라면 절대 포기할 수 없는 최고의 발효 식품 '고추장'.
맛도 영양도 으뜸인 고추장으로 건강한 '만능 약고추장'을 만든다!
찜, 볶음, 무침 등 한식 요리에 빠질 수 없는 대표 양념인 고추장의 푸짐한 변신!
<알토란>표 '만능 약고추장' 하나면 누구나 간편하게 집밥을 해결할 수 있다. 텁텁하지 않게
감칠맛을 살리는 비법은 물론, 재래 고추장의 염도를 낮춰 더 건강하게 먹는
<알토란>표 '만능 약고추장'의 특급 비법까지 알아보자.

셰프의
레시피

▪▪▪▪▪▪ 재료 ▪▪▪▪▪▪

다진 소고기 200g, 재래 고추장 3컵, 미숫가루 7큰술, 매실청 반 컵, 고운 고춧가루 5큰술, 채소즙,
소금, 소주 5큰술, 양파 100g, 배 100g, 사과 100g, 물 3컵, 통마늘 100g, 생강 10g

맛의 한 수

만능 약고추장

① 채소즙을 넣어라!
- 만능 약고추장 농도 조절
- 짠맛 중화·감칠맛 풍부

② 사과 & 배 & 양파 & 생강 & 마늘을 갈아라!
- 사과의 새콤한 맛이 짠맛을 중화하고 풍미를 높여준다.
- 생강은 텁텁한 맛을 감소시키고 개운한 맛을 높인다.
- 생강은 소염·살균 효과와 면역력 증진 효능이 있다.
- '일해백리日害百利'라 불리는 마늘은 100가지 효능을 가진 건강식품

③ 만능 약고추장 농도 조절 비법!
- 채소즙 4컵 중 1컵을 먼저 붓고 끓인다.
- 졸아서 농도가 되직해질 때마다 1컵씩 더 넣고 끓인다.
- 오래 끓일수록 풍미 상승·보관 기간 증가

④ 매실청을 넣어라!
- 매실청을 넣으면 고추장과 더불어 천연 소화제 역할을 한다.
- 피크린산이 풍부해 간·신장 해독 및 배설 촉진에 효과적이다.

⑤ 고운 고춧가루를 넣어라!
- 채소즙을 넣어 매운맛이 감소
- 고운 고춧가루를 넣어 고추장 본연의 매운맛 강화

⑥ 미숫가루를 넣어라!
- 짠맛 중화
- 농도 조절
- 고소한 맛 상승

만드는 법

❶ 사과 100g을 껍질째 얇게 썰고,
배 100g은 껍질을 벗긴 후
얇게 썬다.

❷ 양파 100g과 생강 10g을
잘게 채 썰고,
통마늘 100g을 준비한다.

❸ 썰어놓은 사과, 배, 양파, 생강,
통마늘을 믹서기에 넣고
물 4컵을 넣은 후
약 2분간 곱게 간다.

셰프의 설명

• 고추장 요리에 생강은 텁텁한 맛을 감소시키고 개운한 맛을 높인다.

만드는 법

④

곱게 갈린 재료를 면포에
담아 꼭 짜서
채소즙만 사용한다.

⑤

핏물을 제거한 다진 소고기 200g을
넣고 센 불에 볶은 후,
소주 5큰술을 넣고 고기가
하얗게 익을 때까지 3분간 볶는다.

깔끔한 맛을 위해 기름 없이 **TIP**
서로 뭉치지 않게 눌러가며 볶기!

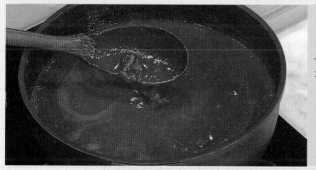

⑥

고기가 다 익으면 재래 고추장 3컵과
채소즙 1컵을 붓고 타지 않게 저어가
며 끓인다. 채소즙 4컵을 나눠 부은
후 센 불에 20분간 더 끓인다.

채소즙은 1컵씩 나눠 **TIP**
부으면서 농도 조절!

셰프의 설명

- 채소의 건더기까지 넣으면 맛이 텁텁해지기 때문에 꼭 즙만 짜낸다.
- 소주를 넣어 고기 잡내를 제거하고 살균 효과를 통해 보관 기간을 연장한다.
- 고추장을 한 번 볶아야 쉽게 변질되지 않는다.

만드는 법

❼ 불을 끄고 잔열에 만능 약고추장을 더 끓인 후 미지근하게 식힌 다음 고운 고춧가루 7큰술과 매실청 반 컵을 넣는다.

❽ 미숫가루 7큰술을 넣고 섞어준 후 차갑게 식혀 밀폐 용기에 담아 냉장 보관한다.

TIP 식혀 보관해야 맛이 변질되지 않는다!

천연 재료 듬뿍! 맛은 으뜸! 밥상 위의 보약으로 완성된 〈알토란〉표 만능 약고추장

셰프의 설명

• 고춧가루를 넣었을 때 잘 불릴 수 있도록 미지근해질 때까지 상온 이나 얼음물에서 식힌다.

완성

간단 요약! 한 장 레시피

1. 사과 100g을 껍질째 얇게 썰고, 배 100g은 껍질을 벗긴 후 얇게 썬다.

2. 양파 100g과 생강 10g을 잘게 채 썰고, 통마늘 100g을 준비한다.

3. 썰어놓은 사과, 배, 양파, 생강, 통마늘을 믹서기에 넣고 물 4컵을 넣은 후 약 2분간 곱게 간다.

4. 곱게 갈린 재료를 면포에 담아 꾹 짜서 채소즙만 짜낸다.

5. 달구지 않은 냄비에 핏물을 제거한 다진 소고기 200g을 넣고 센 불에 볶는다.

6. 소주 5큰술을 넣고 고기가 하얗게 익을 때까지 3분간 볶는다.

7. 고기가 다 익으면 재래 고추장 3컵과 채소즙 1컵을 붓고 타지 않도록 저어가며 끓인다.

8. 채소즙 4컵을 나눠 모두 부은 후 센 불에 20분간 더 끓인다.

9. 불을 끄고 잔열에 만능 약고추장을 더 끓인 후 상온이나 얼음물에서 미지근하게 식힌다.

10. 고운 고춧가루 7큰술과 매실청 반 컵을 넣는다.

11. 미숫가루 7큰술을 넣고 섞는다.

12. 만능 약고추장을 차갑게 식힌 후 밀폐 용기에 담아 냉장 보관한다.

활용요리
01

가을 보약 반찬
더덕장아찌

어떤 요리도 5분이면 뚝딱 완성이 되는 <알토란>표 '만능 약고추장'으로
주부들의 영원한 숙제, 삼시세끼 반찬 걱정 끝!
가을 제철 재료인 더덕과 '만능 약고추장'을 활용해 보약 반찬을 만들어 보자.
재료 손질부터 양념장 만들기까지 손쉽게 만들어 즐기는 밥상 위 단골 반찬 '더덕장아찌'.
<알토란>표 '만능 약고추장'으로 맛과 영양을 듬뿍 채워 간단히 완성하자.

셰프의
레시피

• • • • • • • • • • • • • 재료 • • • • • • • • • • • • •

더덕 200g, 송송 썬 실파 2큰술, 통깨 1큰술, 참기름 1큰술, 만능 약고추장 3큰술

만드는 법

①
껍질 벗긴 더덕 200g을
반으로 잘라 홍두깨로 밀어준 후
굵직하게 찢는다.

②
손질한 더덕(200g) 기준으로
만능 약고추장 3큰술,
참기름 1큰술을 넣는다.

향긋함과 식감 위해 생더덕 사용! **TIP**

③
통깨 1큰술, 송송 썬 실파 2큰술을
넣고 조물조물 무친다.

셰프의 설명

- 더덕 껍질은 칼로 살살 돌려 깎아 벗긴다.

만드는 법

④
무친 더덕장아찌를
그릇에 담고 실파, 통깨를
고명으로 올려
완성한다.

재료 넣고 무치면 끝!
쉬워도 너~무 쉬운
만능 약고추장으로 만든
더덕장아찌 완성!

간단 요약! 한 장 레시피

1. 껍질 벗긴 더덕 200g을 반으로 잘라 홍두깨로 밀어 굵직하게 찢는다.

2. 찢어놓은 더덕에 만능 약고추장 3큰술과 참기름 1큰술, 송송 썬 실파 2큰술, 통깨 1큰술을
   넣고 조물조물 무친다.

3. 무친 더덕장아찌를 그릇에 담고 고명으로 실파와 통깨를 올려 완성한다.

매콤한 별미
닭불고기

<알토란>표 '만능 약고추장'을 활용한 두 번째 요리!
매콤달콤한 만능 약고추장이 어우러져 더욱 맛있는 별미가 탄생한다.
곱게 다진 닭고기를 양념해 석쇠나 팬에 바싹 구워 먹는 일품요리 '닭불고기'.
'만능 약고추장'과 닭고기가 만나 집에서 누구나 간편하고 맛있게 즐길 수 있다.
냄새만 맡아도 침샘 자극하는 '닭불고기'의 매콤함으로 사라진 입맛을 되찾자.

셰프의
레시피

▪━▪━▪━▪━▪━▪━▪━▪━▪━▪━ 재료 ▪━▪━▪━▪━▪━▪━▪━▪━▪━▪

닭불고기 재료 : 닭 넓적다리 600g (4조각), 대파 흰 부분 1대, 깻잎 5장

양념장 : 만능 약고추장 4큰술, 고운 고춧가루 4큰술, 다진 마늘 3큰술, 후춧가루 3꼬집, 생강즙 반 큰술,
참기름 2큰술, 통깨 2큰술, 설탕 1큰술, 찹쌀가루 4큰술, 소금 1큰술

만드는 법

❶

닭 넓적다리 600g을
얇게 펼친 후
잘게 채 썬다.

❷

손질한 닭고기에
생강즙 반 큰술,
설탕 1큰술, 후춧가루 3꼬집,
다진 마늘 3큰술을
넣고 버무린다.

❸

고운 고춧가루 4큰술,
만능 약고추장 4큰술,
참기름 3큰술을 넣고 버무린다.

TIP 닭 잡내 제거에는 마늘과 참기름이 최고!

만드는 법

4

통깨 3큰술,
찹쌀가루 4큰술을
넣어 버무린다.

5

달군 팬에 식용유 2큰술을
두르고 양념한 닭불고기를
적당량 올려 얇게 편다.

닭 껍질에서 기름이 나오기 때문에 **TIP**
식용유는 많이 두르지 않아도 된다.

6

아랫면을
충분히 익혀주며
앞뒤로 3~4분씩
노릇하게 굽는다.

만드는 법

❼
대파와 깻잎을 채
썰어 접시에 깔고
닭불고기를 올린다.

천하 일미,
닭고기 요리의 신세계!
〈알토란〉표 만능 약고추장
하나로 더욱 고급스러운
닭불고기 완성!

완성

1. 닭 넓적다리 600g을 얇게 펼친 후 잘게 채 썬다.

2. 손질한 닭고기에 생강즙 반 큰술, 설탕 1큰술, 후춧가루 3꼬집, 다진 마늘 3큰술, 고운 고춧가루 4큰술, 약고추장 4큰술, 참기름 3큰술, 통깨 3큰술, 찹쌀가루 4큰술을 넣어 버무린다.

3. 달군 팬에 식용유 2큰술을 두르고 닭불고기를 적당량 올려 얇게 편다.

4. 앞뒤로 3~4분씩 노릇하게 굽는다.

5. 접시에 채 썬 대파, 깻잎을 깔고 닭불고기를 올린다.

만능 돼지고기볶음고추장

매일 먹는 고추장으로 입맛과 건강을 모두 사로잡는다.
밥도둑으로 손꼽히는 볶음고추장의 화려한 변신이 시작된다.
간편하게 한 끼 뚝딱은 물론 쌈 싸 먹고, 비벼 먹기까지 활용도 만점!
<알토란>표 '만능 돼지고기볶음고추장' 비법 레시피가 공개된다.
한층 더 깊은 감칠맛을 자랑하는 '만능 돼지고기볶음고추장'의 감동을 느껴보자!

셰프의
레시피

•━━━━━━━━━━━━•━ 재료 ━•━━━━━━━━━━━━•

식용유 7큰술, 다진 대파 1대, 다진 양파 1개, 다진 마늘 4큰술, 다진 돼지고기 400g,
고추장 500g, 된장 100g, 사과즙 1컵, 맛술 1컵, 물엿 1컵, 고운 고춧가루 1컵

장점 1. 맛은 기본! 저렴한 가격!!　　　　　　장점 2. 질리지 않는 맛!

장점 3. 소고기보다 풍미 UP! 높은 활용도!　　장점 4. 환절기 체온 유지에 도움!

돼지고기와 잘 맞는 재료

① 고추장의 효능
- 일교차가 큰 환절기에 체온 유지
- 따뜻한 성질의 고추장이
  돼지고기의 찬 성질을 중화

② 사과의 효능
- 돼지고기에 부족한 칼륨을 보충
- 지방의 소화 및 배출에 도움
- 체내 염분 배출에 탁월

맛의 한 수

만능 돼지고기볶음고추장

① 돼지고기 잡내 제거하기!
- 향신 채소 먼저 볶기
- 된장 넣기
- 사과즙 넣기

② 향신 채소와 돼지고기 충분히 볶기!
- 고추장을 넣기 전, 다진 채소와 고기를 볶아서 나오는 수분을 날려야
  오랫동안 보관이 가능하다

③ 된장과 사과즙을 넣어라!
- 된장을 넣으면 돼지고기의 잡내를 잡고 깊은 풍미를 더한다.
- 사과즙을 넣으면 은은한 단맛은 더하고, 장의 텁텁한 맛과 돼지고기의
  잡내 제거에 탁월하다

④ 볶음고추장 황금 비율 5:1을 기억하라!
- 고추장 5 : 된장 1의 비율로 섞으면 고기 잡내를 잡고 깊은 풍미를 더한다.

만드는 법

❶

달군 팬에 식용유 7큰술을 두른 후, 다진 양파 1개, 다진 대파 1대, 다진 마늘 4큰술을 넣고 양파가 투명해질 때까지 볶는다.

❷

다진 돼지고기 400g을 넣고 수분이 없어질 때까지 볶는다.

TIP 기름진 부위는 기름이 굳거나 냄새가 날 확률이 높기 때문에 등심 부위 추천!

❸

고추장 500g과 된장 100g을 넣고 볶는다.

셰프의 설명

- 씹는 식감을 즐기고 싶다면 기계가 아닌 칼로 다져 사용하는 게 좋다.
- 시판용 고추장과 된장을 먼저 볶는 것이 장 특유의 떫은맛을 사로잡는 핵심이다.

만드는 법

4

사과즙·맛술·물엿·고운 고춧가루
각 1컵을 넣고 조리듯 볶다가
기포가 벌떡벌떡 올라오면
불을 끈다.

활용도 만점,
맛과 건강까지 책임지는
만능 돼지고기볶음고추장 완성!

완성

간단 요약! 한 장 레시피

1. 달군 팬에 식용유 7큰술, 다진 대파 1대, 다진 양파 1개, 다진 마늘 4큰술을 넣고 양파가 투명해질 때까지 볶는다.

2. 다진 돼지고기 400g을 넣고 수분이 없어질 때까지 볶는다.

3. 고추장 500g, 된장 100g을 넣고 볶는다.

4. 사과즙·맛술·물엿·고운 고춧가루 각 1컵을 넣고 조리듯 볶아준다.

5분 완성,
주꾸미볶음

'만능 돼지고기볶음고추장'을 활용한 초간단 초스피드 요리, '주꾸미볶음'.
집에서 맛 내기도 손질하기도 어려운 주꾸미!
하지만 <알토란>표 '만능 돼지고기볶음고추장'만 있다면 문제없다!
주꾸미 손질하는 비법부터 맛집보다 더 맛있게 '주꾸미볶음' 만드는 비법을 소개한다.

셰프의
레시피

• 재료 •

주꾸미 1kg, 밀가루 3큰술, 천일염 2큰술, 식용유 4큰술,
만능 돼지고기볶음고추장 1컵(200mL), 참기름 2큰술, 통깨 3큰술, 삶은 콩나물200g, 채 썬 대파 20g

주꾸미 손질하는 법

① 대가리를 뒤집어 내장을 제거한다.

② 천일염 2큰술과 밀가루 3큰술을 넣고 5분간 치댄다.

 • 밀가루 = 불순물을 흡착하는 효과

 • 소금 = 살을 탱글하게 만드는 효과

③ 찬물에 2~3번 헹군다.

④ 끓는 물에 주꾸미를 약 30초 데친다.

⑤ 데친 주꾸미는 바로 찬물에 헹궈 잔열을 식힌다.

⑥ 먹기 좋은 크기로 찢으며 눈·이빨을 제거한다.

주꾸미의 효능

🍎 주꾸미 = 죽금어^{竹今魚}

  (죽순이 채취되는 봄에 가장 맛있는 물고기)

🍎 타우린 함량 : 주꾸미 > 오징어·낙지

🍎 시력 저하·치매 예방에 도움

만드는 법

①
주꾸미 대가리를 뒤집어
내장을 제거하고,
천일염 2큰술과
밀가루 3큰술을 넣는다.

②
5분간 치댄 후 찬물에
2~3번 헹군 다음
체에 밭쳐 물기를 뺀다.

③
끓는 물에 주꾸미를 30초
데친 후 찬물에 넣어
잔열을 식힌다.

남은 주꾸미는 물에 담가 냉장 보관 **TIP**

셰프의 설명

• 주꾸미는 생물보다 데쳐서 보관해야 더 오래 보관할 수 있다.

만드는 법

④
데친 주꾸미를
먹기 좋은 크기로 찢으며
눈·이빨을 제거한다.

⑤
달군 팬에 식용유 4큰술을
두르고 손질한 주꾸미와
만능 돼지고기 볶음고추장
1컵을 넣어 볶는다.

TIP 돼지고기볶음고추장은 입맛에 따라 가감

⑥
불을 끈 후,
참기름 2큰술과
통깨 3큰술을 넣고
마무리한다.

완성

❼

고명으로 콩나물 200g을
끓는 물에 살짝 익혀 접시에 담고
채 썬 대파 20g을 올린다.

만능 돼지고기볶음고추장만
있다면, 손질도 양념도
간편하게 주꾸미볶음 완성!

간단 요약! 한 장 레시피

1. 내장을 제거한 주꾸미 1kg을 밀가루 3큰술, 천일염 2큰술을 넣고 충분히 주무른 후 찬물에 2~3번 헹군다.

2. 끓는 물에 주꾸미를 30초 데친 후 찬물에 넣어 잔열을 식힌다.

3. 데친 주꾸미를 먹기 좋은 크기로 찢으며 눈·이빨을 제거한다.

4. 팬에 식용유 4큰술을 두르고 손질한 주꾸미와 만능 돼지고기볶음고추장 1컵을 넣어 볶는다.

5. 불을 끈 후 참기름 2큰술과 통깨 3큰술을 넣고 마무리한다.

6. 고명으로 삶은 콩나물 200g과 채 썬 대파 20g를 더한다.

만능 마늘 고추장

100세 시대인 지금, 건강 수명은 단 70세에 불과하다!
건강한 100세 인생의 해답은 바로 음식! 평소 양념으로만 먹었던 '마늘'이 보약이 된다!
한국인이 사랑하는 마늘과 고추장을 매일 약^藥처럼 먹는 비법은 과연 무엇일까?
익힌 마늘이 듬뿍 들어가 숙성 없이 바로 먹고 모든 요리에 활용 만점인 '마늘 고추장'.
마늘 특유의 냄새와 아린 맛을 없애는 비법이 담긴
천연 항암 보약 '만능 마늘 고추장'의 특급 레시피를 놓치지 말자.

셰프의
레시피

재료

마늘 100g, 물 500g, 조청 400g, 볶은 소금 40g, 황설탕 1큰술,
고춧가루 200g, 메줏가루 50g, 청주 4큰술

통마늘 고르는 법

- 🍎 껍질 색이 불그스름한 것
- 🍎 껍질이 바싹 마른 것
- 🍎 마늘쪽은 6~10쪽
- 🍎 쪽 사이의 골이 깊은 것

마늘 껍질 쉽게 까는 법

🍎 **전자레인지를 사용한다.**
- 20초간 데운다.
- 끝을 벗긴 후 반대쪽을 누른다.

🍎 **밀폐 용기를 사용한다.**
- 밀폐 용기에 넣고 흔들면 쉽게 껍질이 분리된다.

맛의 한 수

만능 마늘 고추장

① 마늘을 갈아 끓여라!
  • 마늘을 곱게 갈면 씹히지 않아 고추장 식감이 부드럽다.
  • 마늘을 끓이면 아리고 매운맛은 줄고, 단맛이 증가한다.

② 조청을 넣어라!
  • 천연의 단맛과 풍미 증가
  • 소화에 탁월

③ 전통 방식의 물·채소 육수 역할 = 묽은 마늘물
  • 마늘의 영양과 맛
  • 육수 낼 필요 없이 간편

④ 청주를 넣어라!
  • 고추장의 농도를 쉽게 맞출 수 있다.
  • 고춧가루 날 내 제거 효과
  • 고추장의 체내 흡수율 증가
  • 고추장 발효 촉진

⑤ 마늘과 고추장의 꿀 조합
  • 고추장은 몸을 따뜻하게 하고 아미노산과 유산균이 풍부하다.
  • 마늘과 고추장을 같이 섭취하면 항산화 효과와 면역력이 증가한다.

⑥ 바로 먹어도 좋지만 하루 숙성하면 더 꿀맛!
  • 밀폐 유리병에 담아 냉장 보관하면 6개월 이상 보관 가능

마늘 속 알리신 효능

- 혈액이 굳는 것 방지
- 혈관 확장
- 콜레스테롤, 중성지방 저하

마늘

양배추, 생강, 녹황채소 등

양파, 토마토, 감귤류
후추, 브로콜리, 배추, 가지

귀리(오트밀), 로즈마리, 오이, 고구마,
견과류, 적포도, 보리

출처 : 1992년 미국 암 연구소 발표

"황제가 독초를 먹고 중독되었을 때 마늘을 먹고 풀었다.
고기, 벌레, 물고기 등의 독을 마늘이 해독시킨다."

—<이아爾雅>(중국의 가장 오래된 사전) 중에서

"마늘은 노인층의 암과 질병 발생률을 낮춘다."

—<미국 국립 암 연구소> 발표

"마늘은 성질이 따뜻해 비장과 위를 따뜻하게 한다."

—<동의보감> 중에서

만드는 법

①

손질한 마늘 100g과
물 500ml를 믹서기에 넣고
곱게 간다.

②

냄비에 간 마늘물을 넣고
센 불에서 끓이다가
시작하면 5분간 더 끓인다.

③

끓인 마늘물에
조청 400g을 넣고
3분 더 끓인 후
약불로 줄인다.

셰프의 설명

- 마늘을 곱게 갈면 씹히지 않아 고추장 식감이 부드럽다.
- 마늘을 끓이면 아리고 매운맛은 줄고 단맛이 우러난다.
- 조청을 넣으면 천연의 단맛과 풍미가 증가하고 소화에 탁월하다.

만드는 법

❹

볶은 천일염 40g,
황설탕 1큰술을 넣고
2분간 더 끓인 후 불을 끈다.

천일염을 볶으면 쓴맛이 감소한다. TIP

❺

끓인 마늘물을 냄비째
얼음물에 담가 미지근하게
5분간 식힌 후 볼에 담는다.

얼음물이 없으면 상온에서 TIP
미지근해질 때까지 식히기!

❻

미지근한 마늘물에
메줏가루 50g과
고운 고춧가루 200g을 넣는다.

만드는 법

⑦
청주 4큰술을 넣고
농도를 맞춘 후
밀폐 용기에 보관한다.

TIP 청주를 넣어 고추장의 농도를
쉽게 맞출 수 있다!

집에서 뚝딱 만들어
바로 먹는
밥상의 천연 항암 보약
만능 마늘 고추장 완성!

마늘 건강하게 먹는 법

🍎 발효해서 먹어라!
- 발효 마늘 = 항암·항산화 효과 상승 및 장 속 유해균 제거 효과, 암 예방 및 혈관 건강에
  좋은 설파이드 성분 증가

🍎 익혀서 먹어라!
- 매운맛 감소 → 소화에 도움
- 끓인 마늘 = 노폐물 및 독소 배출 효과, 마늘 특유의 냄새 감소, 매운맛 제거로 위장 부담 저하

🍎 고기와 함께 먹어라!
- 체내 소화·흡수·배설이 힘든 고기의 소화·흡수율 상승
- 고기에 풍부한 피로회복 역할을 하는 비타민B1 흡수율 10배 이상 증가

완성

제육볶음

떡볶이

오징어볶음

간단 요약! 한 장 레시피

1. 손질한 마늘 100g과 물 500ml를 믹서기에 넣고 곱게 간다.

2. 냄비에 간 마늘물을 넣고 센 불에서 끓이다가 시작하면 5분간 더 끓인다.

3. 5분간 끓인 마늘물에 조청 400g을 넣고 3분 더 끓인 후 약불로 줄인다.

4. 볶은 소금 40g, 황설탕 1큰술을 넣고 2분간 더 끓인 후 불을 끈다.

5. 끓인 마늘물을 냄비째 얼음물에 담가 미지근하게 5분간 식힌다.

6. 미지근하게 식힌 마늘물을 볼에 담고 메줏가루 50g과 고운 고춧가루 200g을 넣는다.

7. 청주 4큰술을 넣고 농도를 맞춘 후 밀폐 용기에 보관한다.

만능 마늘 고추장으로 손쉽게 뚝딱,

마늘 돼지갈비찜

깔끔한 맛을 자랑하는 활용 만점 '만능 마늘 고추장'과 찰떡궁합을 이루는 '마늘 돼지갈비찜'!
입안에서 사르르 녹는 갈빗살과 건강 만점 '만능 마늘 고추장'의 환상적인 만남!
돼지갈비의 누린내 잡는 법은 물론, '만능 마늘 고추장'으로 풍미와 영양을 더하는
<알토란>의 특급 비법! 고기 속까지 양념이 쏙~ 밴
'마늘 돼지갈비찜'으로 온 가족의 입맛을 사로잡자!

세프의
레시피

· · · · · · · · · · · · 재료 · · · · · · · · · · · ·

만능 마늘 고추장 4큰술, 돼지갈비 1kg, 다진 생강 반 큰술, 배즙 반 큰술, 황물엿 3큰술,
청주 반 컵, 진간장 4큰술, 콜라 반 컵, 황설탕 1큰술 반(가감), 후춧가루 1큰술,
감자 2개, 꽈리고추 10개, 양파 1개, 통마늘 10개

만드는 법

❶

돼지갈비 1kg을 찬물에
4시간 동안 담가 핏물을 제거한
뒤, 고기가 잠길 만큼
물을 붓고 센 불에서
15~20분간 삶는다.

❷

삶은 돼지갈비는
찬물에 헹군 후
냄비에 담는다.

❸

만능 마늘 고추장 4큰술,
다진 생강 반 큰술,
배즙 반 컵을 넣는다.

셰프의 설명

• 돼지갈비를 초벌 삶기 하면 영양과 육즙은 살리고, 불순물과
  누린내가 제거된다.

만드는 법

④
청주 반 컵,
진간장 4큰술,
황설탕 1큰술 반을 넣는다.

⑤
후춧가루 1큰술, 황물엿 3큰술,
콜라 반 컵, 고춧가루 1큰술을 넣고
양념한 돼지갈비를 센 불에서
20분간 조린다.

TIP 일반 고추장을 넣을 땐 설탕 양을 줄여라!

⑥
돼지갈비를 20분간 조린 후
약불로 줄이고 4등분으로
막둑썰기한 감자 2개를 넣고
10분 동안 더 조린다.

셰프의 설명

• 고기 누린내가 날아가도록 뚜껑을 열고 가열한다.

만드는 법

❼

4등분으로 썬 양파 1개와
통마늘 10개를 넣고
국물이 자작해질 때까지
10분간 더 조린다.

❽

꽈리고추 10개를 넣고 1~2분
더 끓인 후 국물이 졸아들면
참기름 1큰술 반,
깨소금 2꼬집을 넣는다.

〈알토란〉표 만능 마늘 고추장으로
누린내 없이 고기 속까지 양념이
쏙 배인 매콤달콤한 보양식
마늘 돼지갈비찜 완성!

셰프의 설명

• 통마늘을 넣으면 씹는 식감과 마늘의 풍미가 증가한다!

완성

간단 요약! 한 장 레시피

1. 돼지갈비 1kg을 찬물에 4시간 동안 담가 핏물을 제거한다.

2. 고기가 잠길 만큼 물을 붓고 센 불에서 15~20분간 삶는다.

3. 삶은 돼지갈비는 찬물에 헹군 후 냄비에 담는다.

4. 만능 마늘 고추장 4큰술, 다진 생강 반 큰술, 배즙 반 컵, 청주 반 컵, 진간장 4큰술,
   황설탕 1큰술 반, 후춧가루 1큰술, 황물엿 3큰술, 콜라 반 컵, 고춧가루 1큰술을 넣고
   양념한 돼지갈비를 센 불에서 20분간 조린다.

5. 돼지갈비를 20분간 조린 후 약불로 줄이고 4등분으로 깍둑썰기한 감자 2개를 넣고
   10분 동안 더 조린다.

6. 4등분으로 썬 양파 1개와 통마늘 10개를 넣고 국물이 자작해질 때까지 10분간 더
   조린다.

7. 꽈리고추 10개를 넣고 1~2분 더 끓인 후 국물이 졸아들면 참기름 1큰술 반, 깨소금
   2꼬집을 넣는다.

만능 황태 고추장

더운 날씨로 입맛 떨어지는 여름철, 입맛 살리는 해법은 '전통장'에 있다.
화끈하게 매운 고추장으로 이열치열以熱治熱 뜨거운 여름을 건강하게 이겨낸다!
자연 감칠맛과 비타민·미네랄 에너지원이 풍부해 여름철 건강에 꼭 필요한 우리 전통장.
전통장을 활용한 <알토란>표 여름 밥상으로 더위에 지친 입맛을 확~ 살리는 비법 대공개!
볶아먹고, 비벼 먹고, 끓여먹기까지 다양하게 활용하는 고추장의 진수를 맛 보여준다!
매콤한 고추장과 구수한 황태가 만나 진한 풍미의 최강자,
여름철 밥도둑 '만능 황태 고추장'의 특급 레시피를 즐겨보자.

셰프의 레시피

─── 재료 ───

황태채 150g, 물 4컵, 석쇠, 맛술 반 컵, 다진 마늘 2큰술,
고운 고춧가루 4큰술, 고추장 3컵

만능 황태 고추장

① 황태채를 석쇠에 구워라!
- 황태를 기름에 볶으면 겉면이 코팅돼서 진한 육수를 얻기 힘들다.
- 구운 황태채는 비린내가 없고 풍미가 높아져 진한 육수를 얻을 수 있다.

② 황태채를 끓여라!
- 구운 황태채로 육수를 내면 고추장에 구수함·감칠맛이 더해진다.

③ 재래식 고추장엔 천연의 단맛을 넣어라!
- 매실청이나 배즙·양파즙을 넣으면 더 풍미 높은 천연 단맛을 느낄 수 있다.

④ 참기름·들기름은 먹을 때마다 넣기!
- 황태 고추장에 섞게 되면 보관 기간이 짧아진다.
- 황태 고추장은 식힌 후 냉장 보관한다.

만드는 법

1

황태채 150g을 약 1분간
물에 주물러 씻은 다음
스며든 물기를 꼭 짠다.

TIP 불순물 제거와 부드러운 식감,
잡내 제거 위해 꼭 씻어주기!

2

석쇠에 황태채를 올린 뒤
약불에서 2분간
타지 않도록 앞뒤로 굽는다.

TIP 석쇠가 없다면 기름 없이 프라이팬에 볶기!

3

냄비에 물 4컵을 넣고
구운 황태채를 넣어
센 불에서 10분간 끓인다.

만드는 법

④

10분이 지나면 불을 끄고
황태채를 가위로
작게 자른다.

⑤

맛술 반 컵,
다진 마늘 2큰술을 넣는다.

⑥

고운 고춧가루
4큰술을 넣고
센 불로 켠 다음
고추장 3컵을 넣는다.

셰프의 설명

- 고춧가루를 넣으면 짜고 텁텁한 맛 없이 음식의 색이 한층 살아난다.

만드는 법

❼ 타지 않게 저어주며
센 불에서 5분간
수분이 증발할 때까지
농도를 맞추면서 끓인다.

보기만 해도 기운 나는
구수한 감칠맛의
만능 황태 고추장 완성!

간단 요약! 한 장 레시피

1. 황태채 150g을 약 1분간 물에 주물러 씻는다.

2. 황태채에 스며든 물기를 꼭 짠다.

3. 석쇠에 황태채를 올린 뒤 약불에 직화로 타지 않게 2분간 앞뒤로 굽는다.

4. 물 4컵에 구운 황태채를 넣고 센 불에서 10분간 끓인다.

5. 황태채를 가위로 작게 자른다.

6. 맛술 반 컵, 다진 마늘 2큰술, 고운 고춧가루 4큰술, 고추장 3컵을 넣는다.

7. 타지 않게 저어주며 센 불에서 5분간 수분이 증발할 때까지 농도를 맞추면서 끓인다.

만능 황태 고추장을 활용한,
북어고추장찌개

'만능 황태 고추장'을 활용한 <알토란>표 시원한 '북어고추장찌개'.
텁텁한 고추장찌개는 잊어라, 불볕더위 여름에 딱 어울리는 요리로 업그레이드!
콩나물과 북어로 속이 시원하게 풀리는 맛!
몸속의 노폐물 분해·배출 효능이 있는 북어와 활용 만점의 '만능 황태 고추장'으로
시원하고 칼칼한 '북어고추장찌개'를 쉽고 맛있게 끓여보자!

셰프의
레시피

재료

구운 북어 1마리, 물 1.5L, 콩나물 200g, 감자 1개, 두부 반 모, 만능 황태 고추장 3큰술,
다진 마늘 1큰술, 새우젓 1큰술, 국간장 1큰술, 대파 1대

만드는 법

①

머리·꼬리·지느러미 제거한
북어를 물에 헹군 후
직화로 굽는다.

TIP 불순물 제거와 부드러운 식감, 잡내제거를
위해 꼭 씻어주기!

②

냄비에 구운 북어 1마리를
반으로 자른 다음 한입 크기로
잘라 넣는다.

TIP 황태 고추장 만들다 남은 구운 황태채를
사용해도 좋다!

③

센 불로 점화한 냄비에
물 500mL를 넣고
반으로 졸 때까지
약 5분간 끓인다.

셰프의 설명

- 황태·북어를 직화로 구우면 잡내는 제거되고 고소한 맛은 증가한다.
- 물을 3번에 나눠 넣으면 북어가 수축·이완을 반복하면서 진한 육수가 우러나온다.

만드는 법

4
육수 빛깔이 노르스름해지면
물 500mL를 더 넣고
다시 약 5분 정도 끓인다.

5
마지막으로 물 500mL를 넣고
육수 양이 1L가 될 때까지
약 5분간 끓인다.

6
콩나물 200g을 넣고
3분간 끓인 후
채 썬 감자 1개, 편 썬
두부 반 모를 넣는다.

셰프의 설명

- 감자를 채 썰어 넣으면 콩나물과 함께 먹기 편리하고 조리시간도 줄어든다.

만드는 법

7

만능 황태 고추장 3큰술,
다진 마늘 1큰술, 국간장 1큰술,
새우젓 1큰술을 넣는다.

TIP 국간장과 새우젓은 취향에 따라 가감!

8

송송 썬 대파 1대를
넣고 마무리 한다.

〈알토란〉표 만능 황태 고추장으로
감칠맛 폭발하는 국물맛 보장!
칼칼하고 시원한
북어고추장찌개 완성!

셰프의 설명

• 고추장을 처음부터 넣고 끓이면 전분 때문에 국물 맛이
탑탑해지므로 꼭 마지막에 넣기.

완성

간단 요약! 한 장 레시피

1. 머리·꼬리·지느러미 제거한 북어를 물에 헹군 후 직화로 굽는다.

2. 냄비에 구운 북어 1마리를 반으로 자른 다음 한입 크기로 잘라 넣는다.

3. 센 불로 점화한 냄비에 물 500mL를 넣고 반으로 졸 때까지 약 5분간 끓인다.

4. 육수 빛깔이 노르스름해지면 물 500mL를 더 넣고 다시 약 5분간 끓인다.

5. 마지막으로 물 500mL를 넣고 육수 양이 1L가 될 때까지 약 5분간 끓인다.

6. 콩나물 200g을 넣고 3분간 끓인 후 채 썬 감자 1개, 편 썬 두부 반 모를 넣는다.

7. 만능 황태 고추장 3큰술, 다진 마늘 1큰술, 국간장 1큰술, 새우젓 1큰술을 넣는다.

8. 송송 썬 대파 1대를 넣고 마무리한다.

국·찌개용 만능 된장

<알토란> 맛의 한 수로 집에서 누구나 쉽고 건강하게 전통장의 맛을 즐길 수 있다.
재래 된장을 짜지 않고 더욱 맛있게 먹는 <알토란>만의 특급 비법!
모든 국물 요리에 활용하면 육수 낼 필요없이 손쉽게 뚝딱,
감칠맛은 폭발하는 <알토란>표 '국·찌개용 만능 된장'.
재래 된장의 짠맛과 군내 잡는 비법까지 완벽하게 해결한다.
'국·찌개용 만능 된장'으로 쉽고 간편하게 진한 국물 맛을 즐겨보자.

셰프의
레시피

· 재료 ·

재래 된장 2컵, 고추장 4큰술, 사과 1/2개, 양파 1/2개, 무 150g, 간 소고기 한 컵,
건표고버섯 가루 2큰술, 멸치가루 2큰술, 청주 4큰술, 간 마늘 1큰술

맛의 한 수

국·찌개용 만능 된장

① 고추장을 넣어라!
  • 담백한 맛과 감칠맛이 풍부해진다.
  • 된장의 텁텁함과 짠맛이 감소한다.

② 사과 & 양파 & 무를 넣어라!
  • 사과의 새콤한 맛이 짠맛을 중화하고 단맛을 풍부하게 한다.
  • 양파와 무는 가열하면 감칠맛이 올라가 짠맛을 중화시킨다.
  • 사과와 양파에 칼륨 풍부 → 재래 된장의 나트륨을 배출해주어
    혈관 질환 예방 효과가 있다.
  • 무는 소화를 촉진시켜주고 기관지 질환, 관절에 좋다.

③ 간 사과·양파·무를 끓여라!
  • 생으로 넣어 보관하면 맛이 변할 수 있으므로 반드시 끓여야 한다.
  • 끓일수록 무의 쓴맛과 양파의 매운맛이 사라지고 천연 단맛이 증가한다.

④ 간 소고기를 넣어라!
  • 지방이 적은 부위를 활용한다.
  • 키친타월에 올려두면 짧은 시간 안에 핏물 제거가 가능하다.
  • 국·찌개용 만능 된장의 감칠맛을 끌어올린다.

⑤ 청주를 넣어라!
  • 된장 군내 제거
  • 부드러운 식감 증가
  • 살균 효과 = 보관 기간 증가

⑥ 만능 된장 보관 방법 및 활용법
  • 밀폐 용기에 넣어 냉장 보관하면 2~3개월 보관 가능
  • 강된장·된장찌개·된장국 등 모든 국물 요리에 활용한다.

만드는 법

❶
볼에 재래 된장 2컵과
고추장 4큰술을
넣고 섞는다.

TIP 된장 1컵 : 고추장 2큰술

❷
사과 1/2개는 껍질째 깍둑썰기,
양파 1/2개와 무150g도 작게
깍둑썰기 해 믹서기에 넣고
2분간 곱게 갈아준다.

❸
믹서기에 곱게 간 재료를 냄비에
넣고 센 불에서 끓이다가
끓어오르면 1분간 더 끓인다.

셰프의 설명

- 고추장을 넣으면 담백한 맛과 감칠맛이 풍부해지고, 된장의 텁텁함과 짠맛이 감소한다.
- 바로 먹을 경우 된장 양념과 바로 섞어도 무방하지만 변질 우려가 있으므로 반드시 끓인다.

만드는 법

④

사과·양파·무가 투명해지면
간 소고기 200g을 넣고 익을 때까
지 약 5분간 더 끓인다.

지방이 적은 우둔살 활용! **TIP**

⑤

불을 끈 후,
청주 4큰술과
간 마늘 1큰술을
넣어 섞는다.

⑥

완성된 양념재료를
얼음물에 담가
차갑게 식힌다.

셰프의 설명

- 간 소고기는 국·찌개용 만능 된장의 감칠맛을 끌어올린다.
- 뜨거울 때 된장과 섞으면 된장이 익어서 유익균이 감소한다.

만드는 법

❼
미리 섞어둔 된장과 고추장에
식힌 양념장을 넣고 섞는다.

❽
감칠맛과 농도 조절을 위해
건표고버섯가루 2큰술,
멸치가루 2큰술을 넣고
섞어 완성한다.

TIP 수저로 들었을 때
뚝뚝 떨어지는 정도가 좋다.

모든 국물 요리를 손쉽게!
감칠맛 폭발하는
〈알토란〉표 천연 양념,
국·찌개용 만능 된장 완성!

간단 요약! 한 장 레시피

1. 볼에 재래 된장 2컵과 고추장 4큰술을 넣고 섞는다.

2. 사과 1/2개를 껍질째 깍둑썰기, 양파 1/2개와 무 150g도 작게 깍둑썰어 믹서기에 넣고
   2분간 곱게 갈아준다.

3. 믹서기에 곱게 간 재료를 냄비에 넣고 센 불에서 끓이다가 끓어오르면 1분간 더 끓인다.

4. 사과·양파·무가 투명해지면 간 소고기 200g을 넣고 익을 때까지 약 5분간 더 끓인다.

5. 불을 끈 후 청주 4큰술과 간 마늘 1큰술을 넣어 섞은 후 식힌다.

6. 차갑게 식힌 양념에 섞어 놓은 된장과 고추장, 건표고버섯가루 2큰술, 멸치가루
   2큰술을 넣고 섞어 완성한다.

7. 밀폐 용기에 담아 냉장 보관한다.

활용 요리

국·찌개용 만능 된장으로 손쉽게

배추 된장국

감칠맛은 폭발하고 짜지 않아 더욱 손이 가는 <알토란>표 '국·찌개용 만능 된장' 활용 요리!
요리 초보도 뚝딱 만들어 따뜻하고 맛있게 즐길 수 있는 '배추 된장국'
갖은양념 필요 없이 <알토란>표 '국·찌개용 만능 된장' 만 넣으면
깊고 시원한 국물 맛은 보장!
'배추 된장국'을 더 쉽게! 맛있게! 끓여보자!

셰프의
레시피

재료

국·찌개용 만능 된장 4큰술, 배춧잎 7장, 쌀뜨물 5컵, 대파 1대,
청양고추 1개, 홍고추 1개, 멸치액젓 1큰술

만드는 법

❶

쌀뜨물 5컵에
국·찌개용 만능 된장 4큰술을
풀고 센 불에 끓인다.

4인분 기준 **TIP**

❷

배춧잎 7장은
세로로 길쭉하게
썰어서 국물이
끓어오르면 넣는다.

❸

대파 1대, 청양고추 1개,
홍고추 1개를
송송 썰어 넣는다.

셰프의 설명

- 국·찌개용 만능 된장의 양은 염도에 따라 가감한다.
- 배추를 세로로 썰면 식감이 더 좋다.

만드는 법

4

총 4분간 끓이다가
멸치액젓 1큰술 넣고
간을 맞춰 완성한다.

TIP 멸치액젓 대신 국간장도 OK!

국·찌개용 만능 된장으로 뚝딱!
감칠맛과 구수한 맛이 폭발하는
초간편 배추 된장국 완성!

셰프의 설명

• 거품은 불순물이 아니기 때문에 제거할 필요 없다.

완성

1. 쌀뜨물 5컵에 국·찌개용 만능 된장 4큰술을 풀고 센 불에 끓인다.

2. 배추 7장은 길쭉하게 썰어서 국물이 끓어오르면 넣는다.

3. 대파 1대, 청양고추 1개, 홍고추 1개는 송송 썰어 넣는다.

4. 총 4분간 끓이다가 멸치액젓 1큰술 넣고 간을 맞춰 완성한다.

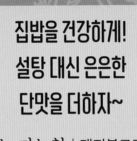

집밥을 건강하게!
설탕 대신 은은한
단맛을 더하자~

만능 마늘청 | 돼지불고기

만능 양파청 | 오삼불고기

PART 03

만능청

한 번 만들어두면 요리에도 넣고,
일상 차^茶로도 활용하는 든든한 '청^淸'.
사계절 내내 건강은 물론,
요리 시간 단축과 요리의 풍미를 살려 지친 입맛을 사로잡는다.

한 번도 안 따라해 본 사람은 있어도, 한 번만 따라해 본 사람은 없다!
〈알토란〉을 대표하는 요리 장인들의 특급 비법으로
만드는 활용 만점, 초간단 '만능청'.

설탕 대신 건강한 닷맛을 더하고, 입맛을 사수하는
〈알토란〉표 고품격 '만능청' 레시피로 우리 집 천연 보약을 완성해보자.

만능 마늘청

몸의 활력을 되찾아줄 기운이 쑥쑥 솟아나는 <알토란>표 활력 밥상!
고기와 함께 먹으면 찰떡궁합을 이루는 '마늘'이 주재료인 <알토란>표 '만능 마늘청'.
집에서 누구나 쉽게, 한 번 만들어두면 두고두고 고기 요리부터 무침, 조림 등 모든 요리에
활용할 수 있다. 숙성 시간은 짧게, 은은한 향과 맛은 깊게! 최고의 활력을 불어넣어줄
'만능 마늘청'의 초간단 초특급 비법으로 맛은 물론 건강까지 챙겨보자!

셰프의
레시피

━━━ • ━ • ━ • ━ • ━ • ━ • ━ 재료 ━ • ━ • ━ • ━ • ━ • ━ • ━━━

통마늘 1kg, 계핏가루 2큰술, 쌀조청 800g

만능 마늘청

① 마늘은 굵게 다져라!
  - 숙성 기간 단축 효과
    (5일 후 → 요리에 활용 / 한 달 후 → 차로 음용)
  - 요리에 간편하게 활용 가능
  - 믹서기로 갈면 진액이 나와 마늘 누린내가 나기 때문에 커터기나 칼로 다진다
  - 숙성 통마늘과 같은 맛

② 계핏가루 & 조청을 넣어라!
  - 계핏가루는 마늘청의 풍미를 더해준다.
  - 적은 양으로도 마늘의 알싸한 맛과 고기 요리의 잡내 걱정까지 잡아준다.
  - 조청은 설탕보다 은은한 단맛과 윤기를 더해준다.

③ 마늘청 효과
  - 냄새 제거
  - 위장 부담 완화

만드는 법

1

시판용 깐 마늘의 경우 꼭지 제거 후
키친타월 위에 펼쳐
30분간 물기를 제거한다.

TIP 건조된 통마늘을 쓰는 게 가장 좋다.

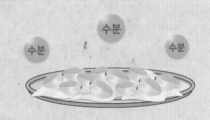

2

손질한 통마늘 1kg을 편으로 썬 후
맛과 식감을 위해 좁쌀알 크기로
다진다.

3

소독한 밀폐 용기에 다진 마늘을
넣고, 계핏가루 2큰술과
쌀조청 800g을 넣는다.

셰프의 설명

• 마늘은 칼이나 커터기로 다지면 숙성 기간 단축, 요리에 간편하게 활용 가능하다.

만드는 법

❹
섞지 않고 그대로 뚜껑을 닫아
밀폐하고, 1시간 후 잘 섞어
다시 밀폐 후 5일간
냉장 숙성시킨다.

마늘·계피·조청이 어우러져
은은한 단맛이 환상적인
〈알토란〉표 만능 마늘청 완성!

간단 요약! 한 장 레시피

1. 손질한 통마늘 1kg을 굵게 다진다.

2. 소독한 밀폐 용기에 다진 마늘, 계핏가루 2큰술, 쌀조청 800g을 넣는다.

3. 1시간 후 잘 섞어 다시 밀폐해 5일간 냉장 숙성시킨다.

숯불 향 가득한

돼지불고기

활력을 확 돋아주는 <알토란>표 '만능 마늘청'으로 만드는 활용 요리!
잡냄새는 싹~잡고 풍미는 쑥~올린 숯불 향 가득, 돼지갈비 맛이 나는 '돼지불고기'.
한 번 맛보면 남녀노소 누구도 빠져나갈 수 없는, '만능 마늘청'과 앞다리살로
갈비 맛을 내는 가성비 갑(甲)의 기적! 맛의 유혹 '만능 마늘청'으로 누구나 손쉽게 뚝딱 만드는
일품요리의 진정한 위력을 맛보자!

셰프의
레시피

━━━━━━━━━ 재료 ━━━━━━━━━

돼지 앞다리살 600g, 만능 마늘청 7큰술, 사과즙 7큰술, 양파즙 7큰술,
간장 3큰술 반, 맛술 3큰술, 다진 생강 1작은술, 참기름 2큰술,
후춧가루 3꼬집, 영양 부추 200g, 실파 약간

만드는 법

①

껍질이 붙어있는
앞다리살 600g을
한입 크기로 썬다.

껍질이 붙어있어야 식감과 감칠맛이 좋다!

②

볼에 만능 마늘청·사과즙·양파즙
각 7큰술을 넣는다.

③

간장 3큰술 반, 맛술 3큰술,
다진 생강 1작은술,
참기름 2큰술, 후춧가루
3꼬집을 넣고 섞는다.

만드는 법

④
손질한 돼지고기를
한 장씩 양념장에 묻힌다.

⑤
센 불로 뜨겁게 달군 팬에
고기를 한 장씩 펼쳐 넣고
앞뒤로 노릇노릇하게 지진다.

⑥
고기 양면이 노릇해지면
남은 양념장을
조금씩 끼얹으며 굽는다.

셰프의 설명

- 숙성 마늘청을 사용하기 때문에 재워둘 필요 없이 양념 후 바로 굽는다.
- 뜨겁게 달군 팬에 양념을 붓지 않고 한 장씩 구워야 불향을 낼 수 있다.

만드는 법

❼

접시에 영양 부추 200g을 깔고
구운 고기를 올린 후
송송 썬 실파를 뿌린다.

지금까지 이런 비주얼은 없었다!
이것은 돼지갈비인가 불고기인가.
집에서 간편하게 만능 마늘청
하나로 잡내 걱정 없이 즐기는
돼지불고기 완성!

완성

간단 요약! 한 장 레시피

1. 돼지 앞다리살 600g은 한입 크기로 썬다.
2. 만능 마늘청 7큰술, 사과즙 7큰술, 양파즙 7큰술, 간장 3큰술 반, 맛술 3큰술, 다진 생강 1 작은술, 참기름 2큰술, 후춧가루 3꼬집으로 양념장을 만든다.
3. 돼지고기는 한 장씩 양념장을 묻힌다.
4. 센 불에 달군 팬에 고기를 한 장씩 펼쳐 넣고 앞뒤로 노릇노릇하게 지진 후 남은 양념장을 조금씩 넣어가며 마저 굽는다.
5. 접시에 영양 부추를 깔고 구운 고기를 올린 후 송송 썬 실파를 뿌린다.

만능 양파청

봄·여름 김치 담글 때도, 신 김치찌개를 끓일 때도 '만능 양파청' 하나면
천연 단맛은 올라가고, 김치의 맛은 풍미가 깊어진다.
매번 양파 사러 갈 필요 없이 언제 어디서나 양파의 풍미를 살리는 비법!
깊고 시원한 풍미가 확 살아나 볶음은 물론, 찌개에도 활용 만점인 <알토란>표 '만능 양파청'.
만능 양파청으로 요리만 한다? 온·냉수에 타면 초간단 건강 차*까지 즐길 수 있다!
<알토란>표 건강 지킴이 '만능 양파청'의 세~상 쉬운 비법으로 입맛을 사수하자.

셰프의
레시피

·-·-·-·-·-·-·-·-·-· 재료 ·-·-·-·-·-·-·-·-·-·
양파 1kg, 저민 생강 30g, 황설탕 800g, 통계피 5g

맛의 한 수

만능 양파청

① 양파의 효능
- 양파 속 맵고 따뜻한 성분 유화아릴이 모세혈관 확장
- 혈액 순환·피로 해소·식욕 증진 폐·기관지 건강에 으뜸

② 양파를 한 번 쪄서 완전히 식혀라!
- 양파의 매운맛은 제거되고 단맛만 상승
- 숙성 기간 단축 효과로 단 2주 만에 양파청 완성
- 식히는 동안 양파 속 수분도 함께 증발
- 수분이 남아 있으면 곰팡이 생성 및 변질될 위험이 있다.

③ 황설탕과 통계피를 넣어라!
- 백설탕을 쓰면 자극적인 단맛 때문에 양파의 향을 해친다.
- 황설탕의 은은한 단맛·풍미 = 양파와 찰떡궁합
- 양파 1kg : 황설탕 800g 황금 비율
- 계피를 넣으면 풍미가 깊어진다.
- 쉽게 상하는 것을 방지한다.

④ 양파청을 한 번 끓여 보관해라!
- 청 속 양파의 수분을 날려야 더욱 오랫동안 보관할 수 있다.
- 가열 후 균이 제거돼 변질될 위험 감소
- 차갑게 식힌 후 냉장 보관한다.

⑤ 만능 양파청 활용법
- 온·냉수에 타서 건강 차※로 즐기기
- 4인분 기준 1큰술을 넣어 국물 요리에 활용하기(기호에 따라 가감)
- 봄·여름 김치 담글 때 활용하기
- 요리에 양파청을 넣을 경우 양파 생략 가능

만드는 법

❶

양파 1kg을 반으로
갈라 얇게 채 썬다.

❷

김이 오른 찜기에
양파와 저민 생강 30g을
넣고 1분간 찐다.

TIP 1분만 쪄도 은은한 단맛이 올라온다.

❸

찐 양파와 생강을
넓은 접시에 펼쳐
완전히 식힌다.

TIP 식히는 동안 양파 속 수분도 함께 증발!

셰프의 설명

- 매운맛은 날리고, 단맛은 올리고, 숙성 기간 단축하는 효과가 있다.
- 다 식히지 않으면 양파 속 수분으로 인해 곰팡이 생성·변질될 위험이 있으니 완전히 식혀야 한다.

만드는 법

❹

식힌 양파와 생강에
황설탕 800g과 통계피 5g을
넣고 버무린다.

❺

설탕에 버무린 양파와 생강을
소독한 유리병에 담아
냉장고에서 2주간 숙성시킨다.

❻

숙성시킨 양파청을
체에 걸러 양파를 건져내고,
거른 양파청을 냄비에 붓고
센 불에 끓인다.

셰프의 설명

• 부패되기 쉬운 양파는 숙성 후 꼭 걸러내야 한다.

만드는 법

❼
끓어오르면 30~40초간
더 끓인 뒤 밀폐 용기에
담아 보관한다.

TIP 뚜껑 열고 차갑게 식힌 후 냉장 보관!

조리 과정도 숙성 기간도 짧다!
천연 단맛에 풍미는 더 높인
<알토란>표 천연 조미료
만능 양파청 완성!

간단 요약! 한 장 레시피

1. 양파 1kg을 반으로 갈라 얇게 채 썬다.

2. 김이 오른 찜기에 양파와 저민 생강 30g을 넣고 1분간 찐 뒤 넓은 접시에 펼쳐 완전히 식힌다.

3. 식힌 양파·생강에 황설탕 800g과 통계피 5g을 넣고 버무린 뒤 소독한 유리병에 담아 냉장고에서 2주간 숙성시킨다.

4. 숙성시킨 양파청을 체에 걸러 양파를 건져낸다.

5. 거른 양파청을 냄비에 붓고 센 불에 끓어오르면 30~40초간 더 끓인 뒤 밀폐 용기에 담아 보관한다. (*식힌 후 냉장 보관)

만능 양파청으로 만드는

오삼불고기

요리계 팔방미인 '만능 양파청'을 활용한 요리!
매콤한 양념 속 쫄깃쫄깃 씹히는 오징어와 돼지고기의 완벽한 만남!
오징어와 돼지고기 잡내 잡기는 기본이고 환상적인 맛의 조화까지 한 번에 이룬다.
만능 양파청을 활용해 더 맛깔난 '오삼불고기' 황금 레시피를 한 수 배워보자!

셰프의
레시피

━ ·━·━·━·━·━·━·━·━ 재료 ·━·━·━·━·━·━·━·━

오삼불고기 재료 (4인 가족 기준) : 오징어 600g(2~3마리 분량), 돼지 목살 400g,
식용유 약간, 대파 200g, 깻잎 20장

양념장 재료 : 고추장 10큰술, 간 생감자 100g, 만능 양파청 6큰술, 고운 고춧가루 6큰술,
다진 마늘 6큰술, 참기름 3큰술, 깨소금 3큰술

만드는 법

①

오징어 600g은 내장을 제거한 후
몸통은 동그랗게 썰고 다리는
2가닥씩 먹기 좋게 자른다.

TIP 영양 풍부한 오징어 껍질은
벗기지 않는다!

②

얇게 썬 돼지 목살 400g은
한입 크기로 자른다.

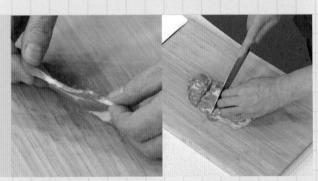

③

볼에 만능 양파청 6큰술,
고추장 10큰술,
고운 고춧가루 6큰술을 넣는다.

TIP 양파청 대체 = 조청 4큰술 + 사과즙 4큰술
고운 고춧가루는 취향에 따라 가감!

셰프의 설명

• 돼지 목살은 얇게 썰어야 오징어와 익는 시간이 비슷하다.

만드는 법

④

다진 마늘 6큰술,
참기름 3큰술,
깨소금 3큰술을 넣는다.

⑤

간 생감자 100g을 넣고 섞은 후
손질한 오징어와 목살을
넣고 버무린다.

간 생감자는 낙지볶음에 활용해도 좋다! **TIP**

⑥

달군 팬에 오삼불고기 일부를
넣고 볶아 불 향을 먼저 입힌 뒤
식용유를 약간 두른다.

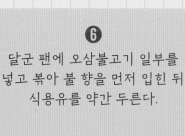

셰프의 설명

- 감자의 전분이 수분을 잡고 구수한 맛을 더한다.
- 기름 넣기 전에 달궈진 팬에 살짝 볶으면 불 향을 낼 수 있다.

만드는 법

7

오삼불고기를 조금씩 추가하며
마저 넣고 볶는다.

8

2~3cm 길이로 썬 대파 200g을
넣고 볶은 뒤 불을 끄고
4등분 한 깻잎 20장을 넣어
마무리한다.

TIP 취향에 따라 모자란 간은
꽃소금으로 가감!

만능 양파청을 넣어
감칠맛과 풍미가 살아나는
〈알토란〉표 매콤한
오삼불고기 완성!

완성

간단 요약! 한 장 레시피

1. 오징어 600g은 내장을 제거한 후 몸통은 동그랗게 썰고 다리는 먹기 좋게 자른다.

2. 얇게 썬 돼지 목살 400g은 한입 크기로 자른다.

3. 고추장 10큰술, 간 생감자 100g, 만능 양파청·고운 고춧가루·다진 마늘 각 6큰술, 참기름·깨소금 각 3큰술을 넣어 양념장을 만든다.

4. 양념장에 손질한 오징어와 목살을 넣고 버무린다.

5. 달군 팬에 오삼불고기 일부를 넣고 볶아 불 향을 입힌 뒤 식용유를 약간 두른다.

6. 오삼불고기를 조금씩 추가하며 마저 넣고 볶는다.

   (* 취향에 따라 꽃소금으로 간 맞추기)

7. 손질한 대파 200g을 넣고 볶은 뒤 불을 끄고 4등분 한 깻잎 20장을 넣어 마무리한다.

알토란 (만능장편)

초판 1 쇄 발행　2020년 11월 13일
초판 2 쇄 발행　2021년 01월 03일

지은이　MBN 〈알토란〉 제작팀
펴낸이　곽철식
펴낸곳　㈜다온북스컴퍼니
주　소　서울시 마포구 토정로 222 한국 출판콘텐츠센터 313호
편집부　구주연, 김나연
디자인　박영정
정　리　김나연
인쇄와 제본　㈜M프린트

ISBN　979-11-86182-75-8 (14590)

이 도서의 국립중앙도서관 출판예정도서목록(CIP)은 서지정보유통지원시스템
홈페이지(http://seoji.nl.go.kr)와 국가자료공동목록시스템(http://www.nl.go.kr/kolisnet)에서
이용하실 수 있습니다.(CIP제어번호:CIP2020038721)